超能力昆蟲百科

Boulder Media 大石文化

作者：約翰・伍德沃德

顧問：喬治・麥葛文 博士

翻譯：陸維濃 博士

超能力昆蟲百科

Boulder Media 大石文化

目錄

超能力昆蟲百科

作　　者：約翰・伍德沃德
翻　　譯：陸維濃
主　　編：黃正綱
資深編輯：魏靖儀
文字編輯：許舒涵、王湘俐
美術編輯：吳立新
行政編輯：秦郁涵、吳羿蓁

發 行 人：熊曉鴿
總 編 輯：李永適
印務經理：蔡佩欣
美術主任：吳思融
發行副理：吳坤霖
圖書企畫：張育騰、張敏瑜

出 版 者：大石國際文化有限公司
地　　址：台北市內湖區堤頂大道二段 181 號 3 樓
電　　話：(02) 8797-1758
傳　　真：(02) 8797-1756
印　　刷：博創印藝文化事業有限公司

2017 年（民 106）9 月初版
定價：新臺幣 800 元
本書正體中文版由
2012 Dorling Kindersley Limited
授權大石國際文化有限公司出版
版權所有，翻印必究
ISBN：978-986-95085-7-5（精裝）
＊ 本書如有破損、缺頁、裝訂錯誤，
　 請寄回本公司更換

總代理：大和書報圖書股份有限公司
地　　址：新北市新莊區五工五路 2 號
電　　話：(02) 8990-2588
傳　　真：(02) 2299-7900

國家圖書館出版品預行編目（CIP）資料

超能力昆蟲百科
約翰・伍德沃德 著；陸維濃 翻譯 . -- 初版 . -- 臺
北市：大石國際文化，
民 106.9　208 頁；21.5× 27 公分
譯自：Super Bug - the Biggest, Fastest, Deadliest
Creepy Crawlies on the Planet
ISBN 978-986-95085-7-5（精裝）
1. 昆蟲 2. 通俗作品

387.7　　　　　　　　　　　 106014286

Original Title: Super Bug
Copyright © 2016 Dorling Kindersley Limited
A Penguin Random House Company
Copyright Complex Chinese edition © 2017 Boulder
Media Inc.
All rights reserved. Reproduction of the whole or
any part of the contents without written permission
from the publisher is prohibited.

A WORLD OF IDEAS:
SEE ALL THERE IS TO KNOW
www.dk.com

成功的蟲

世界上充滿形形色色，各式各樣的動物。比較大型的哺乳類、鳥類、爬蟲類、兩棲類和魚類總是比較引人注目，不過，數量卻遠比不上體型要小得多的動物，例如泛稱「蟲」的昆蟲和蜘蛛。許多的蟲雖然體型小，卻是地球上最成功的生物。昆蟲也是地球上第一種會飛的動物，飛行能力讓牠們得以逃離捕食者，並且開拓新的領域，尋找食物和配偶。

化石證據

從保存在岩石中的化石可以看到，盡管已經過了幾億年，有些生存在我們周遭的蟲，外型上並沒有太大的變化。像蜻蜓這樣的昆蟲，早在巨大的恐龍出現之前就興盛繁衍了，而且還在造成恐龍滅亡的那場災難中存活下來。地球上很少有其他這麼成功的動物。

體型龐大的祖先

右圖的化石在中國發現，保留了蜻蜓的驚人細節。這隻蜻蜓存活的時代距今 1 億 3000 萬年，可能曾在恐龍的頭頂上飛來飛去，而且外型和現今地球上多數的蜻蜓幾乎一模一樣。

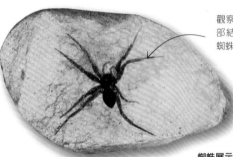

觀察化石中蜘蛛的足部結構，幾乎和現今蜘蛛的一模一樣。

琥珀突襲

很久很久以前，黏稠的樹脂從樹皮滲出，困住了許多小型動物。經過幾千百萬年，樹脂轉變成堅硬的琥珀，並把蟲子的足、翅、口器，甚至是內部器官完整地保存下來。從這些驚人的化石中可以知道，9000 萬年前地球上主要的蟲子有哪些。

蜘蛛展示

琥珀和岩石一樣堅硬，把這隻蜘蛛身上的細節完美地保存了幾千百萬年。琥珀是透明的，所以科學家可以看清楚其中的蜘蛛，辨認蜘蛛的特徵，觀察牠和現代蜘蛛相似的地方。

不可或缺的昆蟲

很多人不喜歡蟲，甚至害怕蟲。有些蟲的確會咬人、叮人，甚至能傳播疾病，還有少數蟲會致命。不過數百萬年來，蟲一直是許多動物的重要食物來源，例如左圖中的蜂虎。此外，蟲還是花朵的重要授粉者，少了牠們，許多植物──包括我們當做食物的作物──恐怕無法繼續存在。

這隻古老昆蟲的翅膀修長，構造和現今昆蟲的翅膀一樣。

小小奇觀

許多蟲的色彩鮮豔，堅硬的外骨骼呈現奇特的外觀。有些蟲小，有些大到超乎想像。蟲的生活型態說來驚人，少數幾種蟲非常危險，是實至名歸的「超能力」蟲。

鳥糞蛛
這種棲息在熱帶的蜘蛛，外型看起來就像一坨鳥糞──確保鳥類看到牠也不會想要吃。

橡樹角蟬
角蟬吸食樹汁維生，無論成蟲（左）或若蟲身上都有美麗、色彩鮮豔的紋路。

古毒蛾幼蟲
和多數的蟲一樣，古毒蛾繁殖速率極快，一次可產下數百顆卵，卵孵化後就是細小的幼蟲。

長頸鹿象鼻蟲
有些蟲為了吸引配偶，演化出獨一無二的外型特徵，比如上圖的雄長頸鹿象鼻蟲。

什麼是蟲？

地球上有97%的物種屬於無脊椎動物。有的生物身體柔軟，例如蠕蟲；不過大部分的無脊椎動物都是節肢動物，有堅硬的外骨骼和關節足，也就是我們叫做蟲的動物，身體結構和我們的差異極大，但一樣需要移動、進食、呼吸和感覺周遭環境。

胡蜂的結構

胡蜂是昆蟲的一種，而昆蟲是節肢動物中最大的家族。所有昆蟲的成蟲都具備相同的基本結構：身體一共分成三節，並有三對關節足，而且通常有兩對翅膀。昆蟲的內臟器官功能和其動物相同——不過胡蜂還多了一根尖銳的螫針。

視覺和進食

蟲和我們一樣需要找路，也需要覓食，卻發展出和人類大不相同的工具。昆蟲成蟲的眼睛有數以百計的晶體，而蜘蛛則有毒牙。

複眼
昆蟲有複眼，由許多小眼組成，每個小眼都有各自的晶體，前額上還有另外三個聚集在一起的單眼。

致命大顎
蟲有各種不同類型的口器。蜘蛛的大顎非常強壯，稱為螫肢，並有尖銳的毒牙，隨時準備注射致命的毒液到昆蟲獵物體內。

翅膀有管狀結構組成的網絡，叫做翅脈，因此硬挺，飛行時可以自由伸縮而不崩塌。

體節
胡蜂的身體分成三節：頭部、胸部和腹部。頭部是腦和感覺器官的所在位置。胸部有翅肌，腹部則有心臟和腸道。

多數昆蟲成蟲的翅膀由幾丁質薄片組成，幾丁質就是組成外骨骼的物質。

嗉囊負責儲存胡蜂嚥下後還沒有完全消化的食物。

心臟呈管狀，有開口，負責把血液泵出。

馬氏管收集昆蟲血液（又叫血淋巴）中的廢棄物和多餘水分，再排出體外。

毒腺

神經纖維構成的網絡傳遞往來腦部的神經訊號，並控制昆蟲的一舉一動。

螫針

毒液囊和螫針連結，負責儲存毒腺製造的有毒物質。

中腸負責大部分的消化，並吸收食物中的養分。

腹部

「節肢動物是地球上最成功的動物。」

外骨骼

蟲的骨骼分布在體外，肉質的組織則在體內。組成外骨骼的物質叫做幾丁質：質地就像指甲，可以彎曲，也構成了蟲的可動關節。蟲的外骨骼能夠防水，並防止體內水分散失，因此昆蟲和蜘蛛在沙漠中興盛繁殖，但是像蛞蝓一類軟綿綿的無脊椎動物，則完全無法在沙漠中存活。

堅硬的幾丁質形成強韌的盔甲。

蟲的身體各個部位都覆蓋著盔甲。

背面觀　　　腹面觀

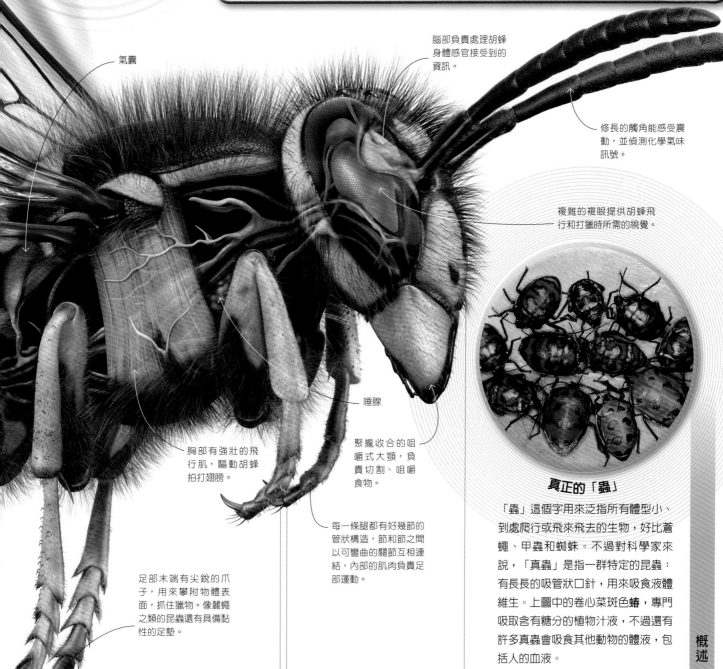

氣囊

腦部負責處理胡蜂身體感官接受到的資訊。

修長的觸角能感受震動，並偵測化學氣味訊號。

複雜的複眼提供胡蜂飛行和打獵時所需的視覺。

胸部有強壯的飛行肌，驅動胡蜂拍打翅膀。

唾腺

聚攏收合的咀嚼式大顎，負責切割、咀嚼食物。

每一條腿都有好幾節的管狀構造，節和節之間以可彎曲的關節互相連結，內部的肌肉負責足部運動。

足部末端有尖銳的爪子，用來攀附物體表面，抓住獵物。像麗蠅之類的昆蟲還具備黏性的足墊。

真正的「蟲」

「蟲」這個字用來泛指所有體型小、到處爬行或飛來飛去的生物，好比蒼蠅、甲蟲和蜘蛛。不過對科學家來說，「真蟲」是指一群特定的昆蟲：有長長的吸管狀口針，用來吸食液體維生。上圖中的卷心菜斑色蝽，專門吸取含有糖分的植物汁液，不過還有許多真蟲會吸食其他動物的體液，包括人的血液。

胸部　　　　　　頭部

概述

蟲的種類

節肢動物——也就是通常稱為蟲的動物——有許多種類,雖然都有相同的基本結構:堅硬的外皮、分節的身體,不過身體的節數和足的數量不盡相同,大部分都是有很多腳的多足類動物、八隻腳的蛛形綱動物,或者是六隻腳的昆蟲。

「目前已知的動物中,有 **80%** 是節肢動物。」

甲殼動物

多數甲殼動物生活在海中,像是螃蟹和龍蝦。有幾種螃蟹大部分時間生活在陸地上,不過有一種甲殼動物——潮蟲,是完全陸生的種類,喜歡棲息在潮溼的地方。甲殼動物足的數量各不相同,有的潮蟲模樣就像小型的馬陸。

約有 **67000** 種
已知種類

潮蟲

長腳蛛

蜘蛛

蜘蛛隸屬蛛形綱,是一種有八隻腳,沒有翅膀的動物。蜘蛛以昆蟲和其他蜘蛛為食,通常會用絲線設下陷阱來捕捉獵物。蜘蛛的身體只有兩個體節,而且擁有可以毒死獵物的毒牙。少數蜘蛛的毒牙對人類也具有危險性。

約有 **46000** 種
已知種類

約有 **13000** 種
已知種類

多足類動物

多足類動物包括蜈蚣和馬陸,牠們的身體由許多相同的體節組成。蜈蚣每一體節有一對足;馬陸每一體節則有兩對足。蜈蚣是行動迅速的捕食者,毒牙含有毒液;馬陸則是植食性動物,移動速度比蜈蚣緩慢得多。

緬甸蜈蚣

約有
1750
種
已知種類

蠍子

雖然蠍子和蜘蛛一樣都是蛛形綱的生物，體型卻完全不同。蠍子的身體比較像龍蝦，前端還有一對粗壯的螯，用來捕捉獵物。靈活的尾巴末端有一根尾刺，是蠍子最特殊的特徵，既有防衛功能，也可以用來殺死獵物。有些蠍子的毒性非常強。

紅爪蠍

鞭蠍

其他節肢動物

除了蜘蛛和蠍子，節肢動物還包括了避日蛛、盲蛛、鞭蠍，以及微小的墓和蜱。鞭蠍和避日蛛體型龐大，看起來雖然危險，但其實完全無害；看不起眼的蜱反而是吸血動物，少數幾種還會傳播致命疾病。

約有
96000
種
已知種類

紅綠吉丁蟲

昆蟲

昆蟲的數量遠遠超過其他的節肢動物家族，種類更是驚人，占了地球上已知物種的一半以上。不過所有的成蟲都有六隻腳，而且幾乎都有翅膀。有些昆蟲會叮人或咬人，少數昆蟲體內攜帶病原，不過有更多昆蟲美得令人窒息。

約有
900000
種
已知種類

「**科學家認為，**
人類尚未發現的昆蟲可能有
1000 萬種以上。」

蟲的移動方式

許多蟲都是走路的高手，畢竟至少有六條腿。不過，蠅類和其他昆蟲在幼年時期並沒有腳，一定得像蠕蟲一樣蠕動前進。很多蟲能在池塘或溪流中游泳，有些蜘蛛及昆蟲甚至能在水面上行走。蝗蟲、跳蚤等一類的昆蟲是跳躍專家。更驚人的是，昆蟲是地球上第一種會飛行的動物，有的種類在空中的身手既迅速又靈活。

翅鞘堅硬，向外翻掀，作用就像機翼，提供額外的升力。

飛向空中
金龜子是體型粗壯的甲蟲，有盔甲般的外殼，看起來不太像是飛行好手。不過事實正好相反，堅硬的翅鞘下收納著一對修長的翅膀，讓金龜子可以飛向空中，尋找配偶。

金龜子的翅膀上有像鉸鏈的結構，讓牠在著陸時把翅膀收折在翅鞘下方。

粗壯的翅脈支撐著翅膀，同時讓翅膀伸縮，保持彈性，產生飛行時所需的推力。

透明的翅膀雖然纖薄，結構卻很複雜，由兩層堅韌的幾丁質構成。

這隻甲蟲準備著陸，飛行時會把腳縮起來，創造更好的流線性。

起飛
多數會飛的昆蟲都有兩對連在一起的翅膀，不過甲蟲飛行時只會用到後翅。不需飛行時，纖細的後翅就會折疊起來，收在前翅的下方。前翅特化成翅鞘，有保護的功能，這麼一來，甲蟲在挖掘地道或在植物莖梗之間穿梭時，就不必冒著弄傷翅膀的危險。展開翅膀準備起飛的過程只需要一秒鐘。

就位
準備飛行時，金龜子打開蓋著翅膀的翅鞘。天氣寒冷的時候，有些昆蟲會先震動飛行肌肉，當作暖身。

預備
翅鞘打開之後，甲蟲可以伸展飛行用的修長後翅，並以觸角偵測氣流狀況。

起飛
伸直腳用力一蹬，金龜子躍身空中。後翅提供推力，驅使金龜子向前，飛行速度愈來愈快時，翅鞘也會產生升力。

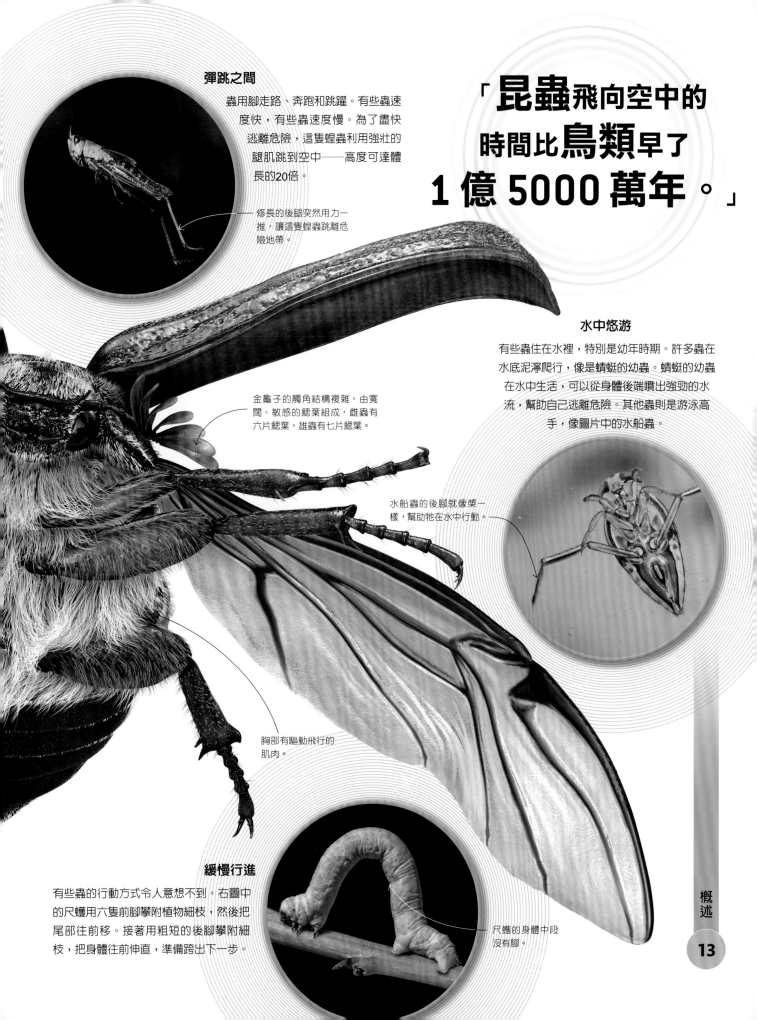

彈跳之間

蟲用腳走路、奔跑和跳躍。有些蟲速度快，有些蟲速度慢。為了盡快逃離危險，這隻蝗蟲利用強壯的腿肌跳到空中——高度可達體長的20倍。

修長的後腿突然用力一推，讓這隻蝗蟲跳離危險地帶。

「昆蟲飛向空中的時間比鳥類早了 1 億 5000 萬年。」

金龜子的觸角結構複雜，由寬闊、敏感的鰓葉組成，雌蟲有六片鰓葉，雄蟲有七片鰓葉。

水中悠游

有些蟲住在水裡，特別是幼年時期。許多蟲在水底泥濘爬行，像是蜻蜓的幼蟲。蜻蜓的幼蟲在水中生活，可以從身體後端噴出強勁的水流，幫助自己逃離危險。其他蟲則是游泳高手，像圖片中的水船蟲。

水船蟲的後腳就像槳一樣，幫助牠在水中行動。

胸部有驅動飛行的肌肉。

緩慢行進

有些蟲的行動方式令人意想不到。右圖中的尺蠖用六隻前腳攀附植物細枝，然後把尾部往前移。接著用粗短的後腳攀附細枝，把身體往前伸直，準備跨出下一步。

尺蠖的身體中段沒有腳。

滑行的獵人

幾乎所有蟲的體型都很小，因此牠們可以利用其他體型大、體重沉的動物無法做到的方式移動。畫面中這隻跑蛛正在淡水池塘的水面上滑行，身上覆滿具有疏水性的絨毛，讓水面薄膜能夠支撐牠的體重，並藉著感受水面上的漣漪來偵測獵物，用前腳抓住獵物，再用毒牙讓獵物斃命。

蟲的生長發育

蟲的堅韌外骨骼無法隨著生長而延展，迫使牠們必須突破舊有的堅硬外皮，擴展柔軟的新表皮。對許多蟲來說，脫皮的過程充滿困難和危險，因為這個時候牠們身體柔軟，非常容易遭受攻擊。許多種類的蟲利用黑暗作為掩護，或者躲起來蛻皮，遠離不懷好意的敵人。

生命的試煉

大部分動物一出生的模樣，就像父母的縮小版，之後再慢慢成長，多數節肢動物都是這樣長大的。小蠍子和小蜘蛛一出生就有八隻腳，身體型態幾乎和媽媽的一模一樣，但也因為這樣，蛻皮變得非常困難。

蠍子媽媽
剛孵化的小蠍子爬上媽媽的背，以免遭受捕食者的威脅。

每一隻小蠍子都有八隻腳，一對螯和小小的尾刺。

等待硬化

節肢動物必須蛻掉外骨骼才能長大。舊的表皮和新表皮分離、破裂，讓身體脫出。接著，蟲會把液體或空氣注入柔軟的新表皮，讓表皮在變硬前增加體積。表皮大約需要兩小時才能變硬成堅韌的外骨骼，這個時候的蟲因為缺乏保護，而且無法脫逃，所以非常容易遭到攻擊。

發育到第四齡的沙漠蝗蟲背部開始長出翅芽。

全新的面貌

蝴蝶、蛾、蠅類和許多其他昆蟲一出生的形態並不像是父母的縮小版，而是外皮柔軟的幼蟲，又叫做毛毛蟲或蛆。這些幼蟲的形狀像一根香腸，蛻皮過程相對容易，也比較安全，而且時時刻刻都在進食、生長，直到蛻變成有翅膀的成蟲。

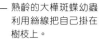

熟齡的大樺斑蝶幼蟲利用絲線把自己掛在樹枝上。

幼蟲蛻皮後露出蟲蛹綠色的柔軟表皮。

第一階段：卵
蝴蝶的生命周期有四個階段。生命的開端只是一顆微小的卵，雌蝶通常會在特定的植物上產卵。上圖是美洲大樺斑蝶的卵，產在稱為馬利筋的植物上。

第二階段：幼蟲
卵孵化之後，成了軟軟的小毛蟲——蝴蝶的幼蟲。幼蟲會先吃掉卵殼，然後開始吃馬利筋葉。幼蟲吃得愈多，體型就愈大，在生長成為熟齡幼蟲——也就是完全長大的幼蟲前，需要經過四次蛻皮。

第三階段：蛹
幼蟲達到熟齡階段後就會停止進食，進行第五次蛻皮，蛻皮之後變成蟲蛹。在蟲蛹內，幼蟲轉變成為蝴蝶，過程需時大約兩週。

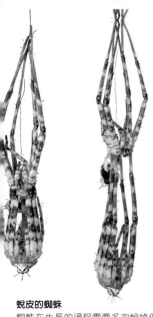

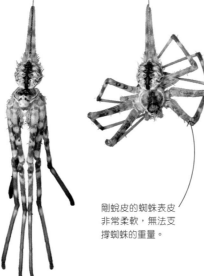

剛蛻皮的蜘蛛表皮
非常柔軟，無法支
撐蜘蛛的重量。

蛻皮的蜘蛛

蜘蛛在生長的過程需要多次蛻掉外骨
骼，每次都得小心翼翼，把構造複雜
的身體從舊表皮中抽出來，避免傷害
到柔軟的新表皮，或是弄斷自己的腳。
這個過程並不容易，許多蜘蛛在蛻皮
時死亡，根本活不到繁殖的年紀。

按部就班

蠍子和蜘蛛生長的過程中，外型不會有
太大變化，有些昆蟲也是這樣，不過隨
著體型逐漸變大，外型也會改變。以蝗
蟲為例，翅膀會慢慢長出來，到最後的
階段才會發育完全。

不同的生活型態

蝗蟲的幼期稱為若蟲，雖然若蟲的外型和生
活型態都和成蟲非常相似，卻無法飛行。有
些昆蟲的若蟲過著和成蟲截然不同的生活。
蜻蜓的若蟲棲息在水裡，要經過好幾個生長
階段才會離開水中，如上圖中所見，爬上岸
進行最後一次蛻皮，轉變為成蟲。

蛹的長度愈來愈短，
外皮也變得更光滑、
更堅硬。

蛹殼分裂，新生
的蝴蝶開始從蛹
殼掙脫出來。

體液流進翅膀，把
翅膀撐開，轉變的
過程也就完成了。

第四階段：成蟲

一旦蛹內的幼蟲完全轉變成蝴蝶，蛹殼就
會破裂。蝴蝶開始脫離蛹殼，翅膀也在
硬化前完全伸展。這是蝴蝶生長的最後階
段，之後再也不用蛻皮。

一開始跟翅膀相比，蝴
蝶的身體顯得太過肥
胖，但這樣的體型很快
就發生變化。

透過蛹的外皮，可
以看見裡面正在發
育的翅膀。

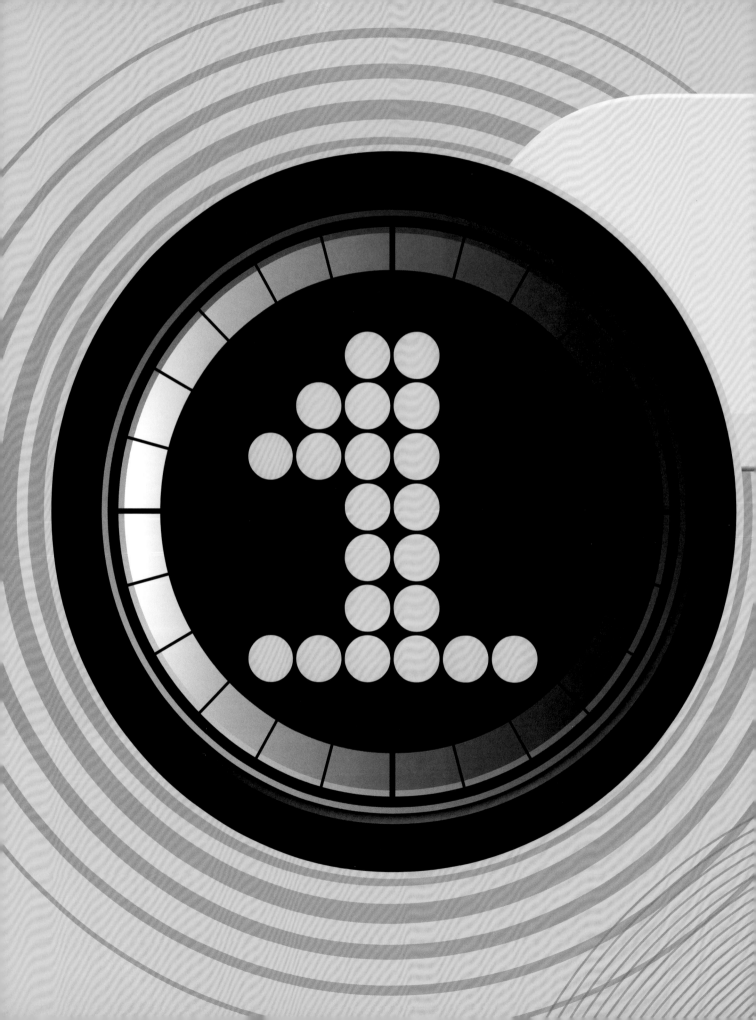

驚人的構造

蟲的體型雖然小，但湊近一看就會發現驚人之處。蟲的外型令人驚嘆，並有為了生存而演化出的適應特徵。有些種類藉著保護色保持低調，有些種類則像寶石一般閃耀出眾。

火力十足
非洲放屁蟲

非洲放屁蟲看起來無害，卻藏有祕密武器。這種甲蟲配備化學槍，從尾部噴出炙熱的毒霧，狠狠燙傷想要攻擊牠的敵人。放屁蟲擁有驚人的瞄準能力，對敵人造成最大傷害。

化學武器

放屁蟲的尾部末端有兩個彈性囊袋，在放屁蟲警戒狀態的時候，囊袋中的化學物質就會注入一對受到保護的腔室之中，並和酵素混合。酵素觸發化學反應，混合後的灼熱液體再透過可移動的噴嘴，「噗」的一聲噴出。

放屁蟲和所有甲蟲一樣，前翅轉變成有保護作用的翅鞘。

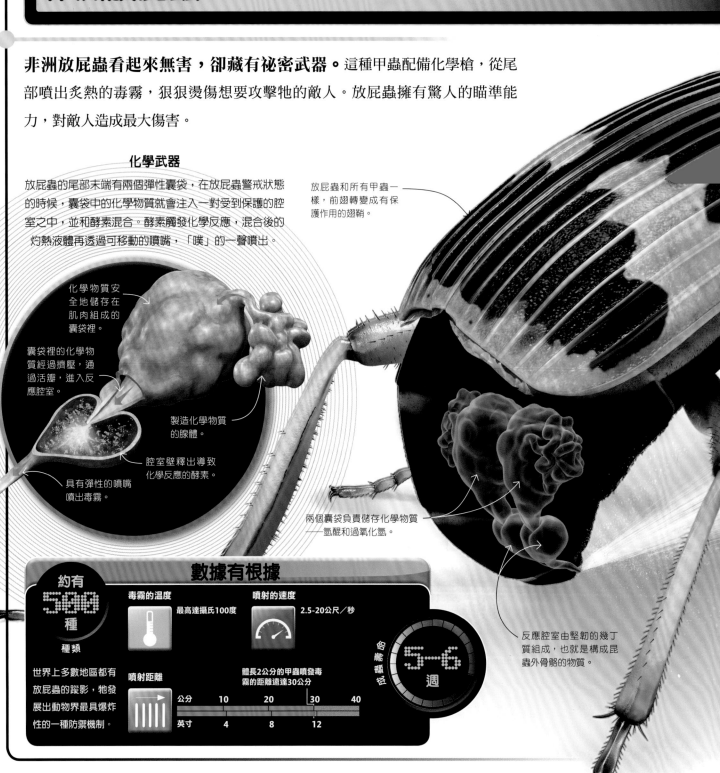

化學物質安全地儲存在肌肉組成的囊袋裡。

囊袋裡的化學物質經過擠壓，通過活瓣，進入反應腔室。

製造化學物質的腺體。

腔室壁釋出導致化學反應的酵素。

具有彈性的噴嘴噴出毒霧。

兩個囊袋負責儲存化學物質——氫醌和過氧化氫。

反應腔室由堅韌的幾丁質組成，也就是構成昆蟲外骨骼的物質。

數據有根據

約有 **500** 種

種類

世界上多數地區都有放屁蟲的蹤影，牠發展出動物界最具爆炸性的一種防禦機制。

毒霧的溫度
最高達攝氏100度

噴射的速度
2.5-20公尺／秒

噴射距離
體長2公分的甲蟲噴發毒霧的距離遠達30公分

公分	10	20	30	40
英寸	4	8	12	

壽命長達 **5-6** 週

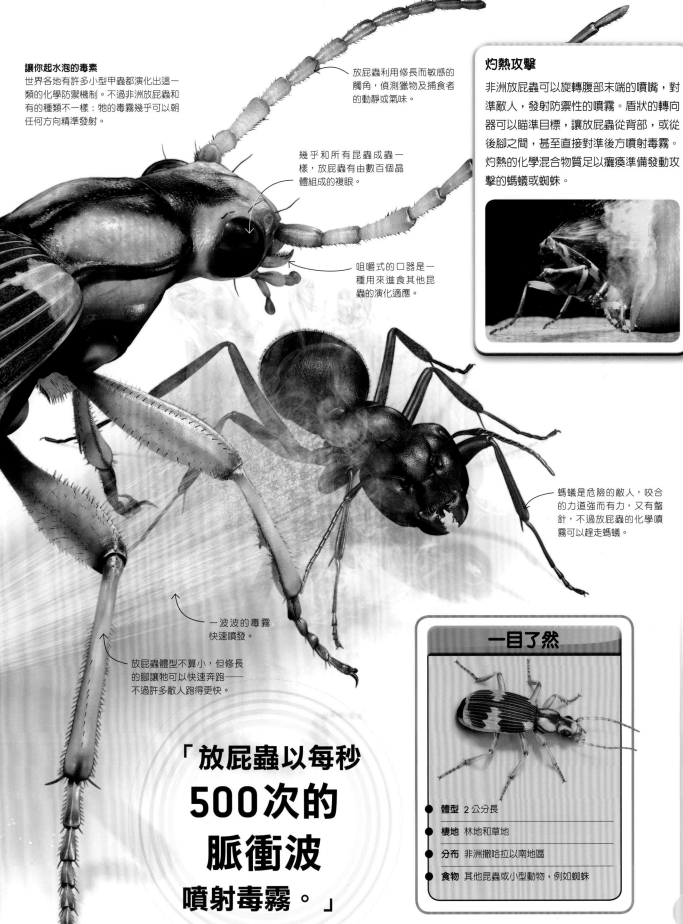

讓你起水泡的毒素
世界各地有許多小型甲蟲都演化出這一類的化學防禦機制。不過非洲放屁蟲和有的種類不一樣：牠的毒霧幾乎可以朝任何方向精準發射。

放屁蟲利用修長而敏感的觸角，偵測獵物及捕食者的動靜或氣味。

幾乎和所有昆蟲成蟲一樣，放屁蟲有由數百個晶體組成的複眼。

咀嚼式的口器是一種用來進食其他昆蟲的演化適應。

灼熱攻擊

非洲放屁蟲可以旋轉腹部末端的噴嘴，對準敵人，發射防禦性的噴霧。盾狀的轉向器可以瞄準目標，讓放屁蟲從背部，或從後腳之間，甚至直接對準後方噴射毒霧。灼熱的化學混合物質足以癱瘓準備發動攻擊的螞蟻或蜘蛛。

螞蟻是危險的敵人，咬合的力道強而有力，又有螫針，不過放屁蟲的化學噴霧可以趕走螞蟻。

一波波的毒霧快速噴發。

放屁蟲體型不算小，但修長的腳讓牠可以快速奔跑——不過許多敵人跑得更快。

一目了然

- **體型** 2 公分長
- **棲地** 林地和草地
- **分布** 非洲撒哈拉以南地區
- **食物** 其他昆蟲或小型動物，例如蜘蛛

「放屁蟲以每秒 **500次的** 脈衝波 噴射毒霧。」

最多腳的蟲

蜷曲防禦

一旦感受到危險,馬陸會趕快把身體緊緊地縮起來,捲成螺旋狀——體外堅硬的盔甲可以保護柔軟的腹面。這隻熱帶馬陸利用鮮豔的體色警告鳥類:我會分泌難聞的油!

腳的力量
猩紅馬陸

馬陸是地球上最多腳的動物，有的甚至有超過700隻腳，雖然俗稱「千足蟲」，不過事實上並沒有任何一種馬陸有1000隻腳。馬陸修長的身體分成許多圓形的堅硬環節，每一節都有兩對腳。體型巨大的猩紅馬陸棲息在馬達加斯加島上的熱帶森林中，雖然有這麼多腳，但是動作實在太慢，沒辦法活捉其他動物，所以和大多數種類的馬陸一樣，主要以死亡、腐爛的植物組織為食。

一目了然

- **體型** 體長可達 18 公分，體節可多達 63 節
- **棲地** 熱帶森林的地面和低矮的植株上
- **分布** 馬達加斯加
- **食物** 腐爛的植物，如樹葉

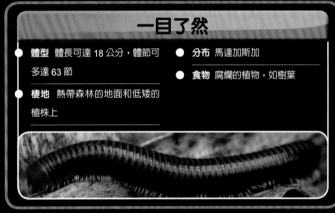

數據有根據

約 **12,000** 種

種類

世界各地都能發現馬陸。馬陸行動緩慢，卻是強而有力的挖地道高手——有些馬陸可以在最堅硬、乾燥的土壤裡輕鬆推進。

腳的數量

0	200	400	600	800

多達750

卵
雌馬陸一次產卵多達300顆。

新生
剛孵化的馬陸有三對腳，隨著成長，腳的數量愈來愈多。

破紀錄
非洲巨馬陸體長達40公分，是全世界最長的馬陸。

公分	10	20	30	40	50
英寸	4	8	12	16	

成蟲壽命

10 年

毛茸茸的防禦

和所有狼蛛一樣，巨人食鳥蛛的毒牙向下刺，不像一般蜘蛛的毒牙會互相夾擠。對人類而言，巨人食鳥蛛毒液的毒性程度，頂多就和胡蜂螫針裡的毒液一樣。為了自保，巨人食鳥蛛還會摩擦身體，釋放出一大團刺激性的細毛。

體型碩大
巨人食鳥蛛

巨人食鳥蛛的腳粗壯多毛，展開時跟這本書一樣寬，是地球上最大的蜘蛛。這種體型碩大的狼蛛，夜晚在森林地面徘徊，尋找大型昆蟲、蜥蜴來吃，偶爾甚至還會獵捕蛇。雖然巨人食鳥蛛可以利用巨大的空心毒牙，注射毒液到獵物體內，使牠癱瘓，不過更常使用天生蠻力壓制對手，把牠殺死。白天時，巨人食鳥蛛退回地道，躲避敵人的耳目。

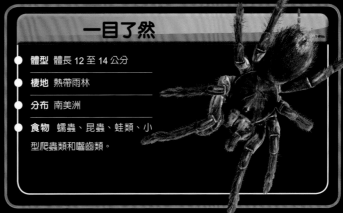

一目了然

- **體型** 體長 12 至 14 公分
- **棲地** 熱帶雨林
- **分布** 南美洲
- **食物** 蠕蟲、昆蟲、蛙類、小型爬蟲類和嚙齒類。

數據有根據

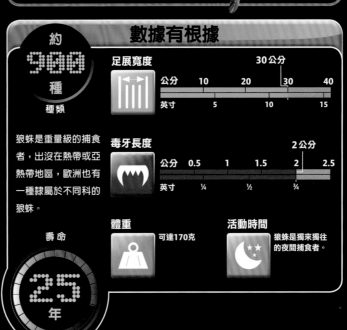

約 **900** 種

種類

狼蛛是重量級的捕食者，出沒在熱帶或亞熱帶地區，歐洲也有一種隸屬於不同科的狼蛛。

足展寬度

	公分	10	20	30公分 30	40
	英寸	5		10	15

毒牙長度

	公分	0.5	1	1.5	2公分 2	2.5
	英寸	¼	½	¾		

壽命

25 年

體重 可達170克

活動時間 狼蛛是獨來獨往的夜間捕食者。

藍光乍現
閃蝶

熱帶地區的閃蝶閃耀著藍色微光，是自然界的耀眼景致。燦爛的藍色是閃蝶的翅膀反射陽光造成的，翅膀揮動時，光芒便會跟著閃爍。

「藍閃蝶是全世界最大型的蝴蝶種類之一。」

舞動奇觀

許多蝴蝶都有鮮豔的顏色，不過只有少數種類像熱帶閃蝶在視覺上這麼有震撼力。雄蝶比雌蝶藍得更耀眼，尤其在自己的領域中翩翩飛舞時，更是特別明顯。

細小的鱗片

多數蝴蝶的翅膀上都覆蓋著許多屋瓦般的細小鱗片，就像右圖中閃蝶的翅膀。鱗片上有細微的脊突，反射光線，產生藍色金屬光芒的閃爍效果。

數據有根據

29 種

種類

許多種類的閃蝶棲息在中美洲和南美洲的熱帶森林，不過並非每種閃蝶都是亮藍色的。

翅膀寬度

翅展 7.5 至 20 公分

公分		5	10	15	20	30
英寸		2	4	6	8	

防禦

受到威脅時，閃蝶前腳之間的腺體會散發出難聞的氣味。

現狀

閃蝶因為棲地喪失和過度捕捉受到嚴重威脅。

成蟲壽命

2~3 週

巨大的眼斑有
嚇退捕食者的
作用。

當閃蝶棲息在林
蔭處，通常會把
翅膀闔起，把呈
現亮藍色的翅膀
正面藏起來。

綠蔭下的祕密

相較之下，藍閃蝶的
翅膀背面卻呈現黯淡的褐
色，並有眼斑，在熱帶森林斑
駁的光線下，正是絕佳的掩
護，讓閃蝶躲過鳥類和其他敵
人的威脅。

修長的觸角偵測空
氣中食物的氣味，
像是成熟果實散發
出的味道。

複眼

亮麗的翅膀邊緣是
黑色的。

一目了然

- **體型** 翅展達 15 公分

- **棲地** 熱帶雨林

- **分布** 中美洲及南美洲北方

- **食物** 成蟲吸食腐爛果實的汁液，以及動物
屍體的體液及動物的排泄物；幼蟲則吃樹葉。

毛蟲的戰爭

閃蝶的幼蟲身上覆蓋著又短
又硬的細毛，接觸到會刺激
皮膚，保護幼蟲不受敵人和
捕食者的威脅。幼蟲吃豆科
植物的葉片，如果同一株植
物上有太多幼蟲同時進食，
很有可能會互相攻擊，把對
方吃掉。

驚人的構造

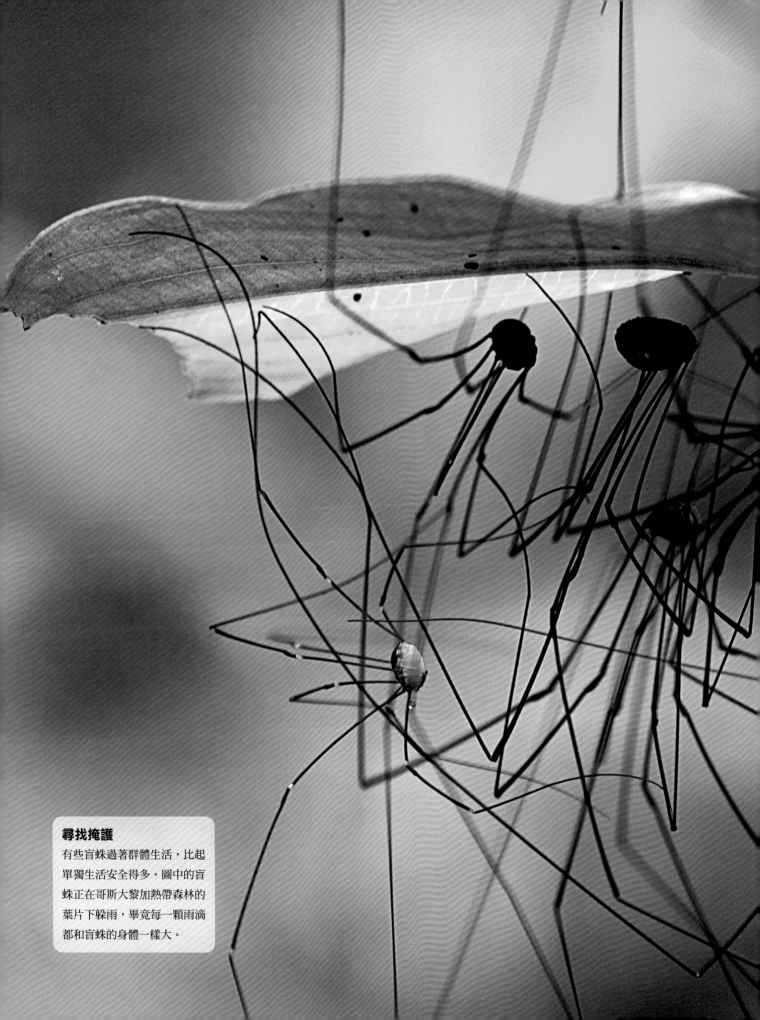

尋找掩護

有些盲蛛過著群體生活，比起
單獨生活安全得多。圖中的盲
蛛正在哥斯大黎加熱帶森林的
葉片下躲雨，畢竟每一顆雨滴
都和盲蛛的身體一樣大。

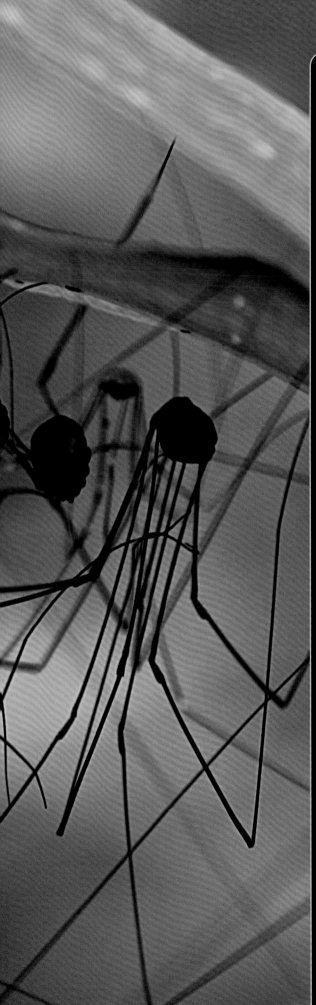

纖纖長腿
盲蛛

盲蛛看起來就像有著纖細長腿的蜘蛛，雖然和蜘蛛有親緣關係，而且也有八隻腳，但其實是另一種完全不同的動物。盲蛛的身體就像一顆豆子，頂端只有兩隻眼睛。盲蛛利用一對叫做螯肢的強壯大顎來捕食，雖然盲蛛的螯肢和蜘蛛的顎很像，末端卻沒有注射毒液的毒牙，而是一對夾鉗狀的構造，用來把獵物撕成碎片後再吞下肚。盲蛛主要依靠嗅覺和觸覺來覓食，用特別長的第二對腳來感覺周遭的環境。

一目了然

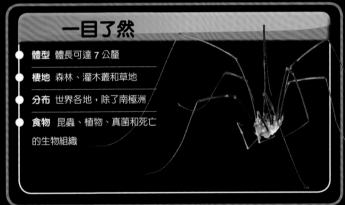

- **體型** 體長可達 7 公釐
- **棲地** 森林、灌木叢和草地
- **分布** 世界各地，除了南極洲
- **食物** 昆蟲、植物、真菌和死亡的生物組織

數據有根據

約 6500 種

內文內文

盲蛛張開高腳行走，有點像踩高蹺，清洗腳的時候，通常會把它舉起，穿過雙顎。

壽命

1 年

足展寬度 可達34公分

公分	10	20	30	40
英寸	4	8	12	

族群數量
盲蛛成群居住，一群的數量可達7萬隻。

活動時
長腳的盲蛛多半在夜間活動。

防禦
斷腿求生、躲藏在殘材碎屑中、散發出難聞的氣味，或是快速地上下擺動身體。

化石
在岩石中發現了有4億年歷史的盲蛛化石。

怪物巨蟲
巨沙螽

全世界最大型的昆蟲——巨沙螽——以紐西蘭為家。沙螽的外觀像蟋蟀，無法飛行，體型龐大，可以生長到一隻老鼠的大小。因為身體實在太大太重，巨沙螽無法用跳躍的方法來躲避危險，而是像蛇一樣發出嘶嘶聲來嚇退敵人。巨沙螽原本在紐西蘭幾乎沒有天敵，後來歐洲人把紐西蘭開拓成殖民地，引進了貓、鼠和其他捕食者，使巨沙螽的數量變得稀少，最大型的巨沙螽現在只出沒在紐西蘭北海岸的小巴里爾島。

一目了然

- **體型** 體長可達 10 公分
- **棲地** 森林，通常棲息在樹上
- **分布** 紐西蘭
- **食物** 樹葉、苔蘚、花朵和果實

數據有根據

約 11 種
巨沙螽的種類

內文內文內文內文內文內文

成長

剛孵化時體長只有0.5公分

公分	2	4	6	8	10
英寸	1	2	3	

成蟲體長有7-10公分

體重
沙螽可重達71克。

卵
雌蟲一生可產下300顆卵。

蛻皮
生長期間，若蟲蛻下厚重表皮的次數多達10次。

現況
沙螽受到棲地喪失和捕食者的威脅，是瀕危的動物。

壽命
2 年

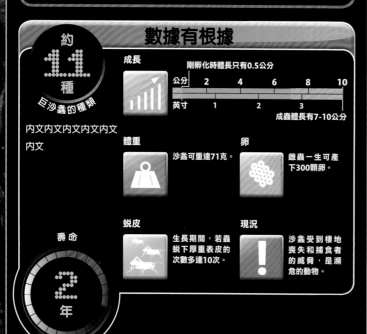

咀嚼式口器

沙螽的種類至少有70種，包含11種巨沙螽——全部都棲息在紐西蘭。多數體型比較小的沙螽都吃其他昆蟲，而巨沙螽則吃樹葉和苔癬。沙螽有強壯的雙顎，咬合力道強勁，但是天生膽小，喜歡躲藏起來，只在夜間外出覓食。

巨型蝴蝶
亞歷山大鳥翼蝶

這種熱帶蝴蝶非常壯觀，翅展比許多鳥類的翼展還寬，可以飛到樹梢那麼高，吸食攀藤植物的花蜜。雌蝶在同一種攀藤植物上產卵，這種植物有些微的毒性。當幼蟲孵化，開始以攀藤植物為食，體內也會逐漸累積毒素，對捕食者來說是難以入口的食物，也因此保住自己的性命。

一目了然

- **體型** 體長可達 8 公分，翅展可達 28 公分
- **棲地** 熱帶雨林的低地
- **分布** 巴布亞新幾內亞東部
- **食物** 幼蟲吃馬兜鈴的葉片；成蟲通常吸食同一種植物的花蜜

數據有根據

約 **36** 種
鳥翼蝶的種類

鳥翼蝶只出沒在印度至澳洲北部之間的遠東地區。

成蟲壽命
3 個月

現況
! 因為棲地喪失和盜獵行為，造成三種鳥翼蝶瀕臨絕種。

卵
雌蝶在三個月的壽命期間可產下多達240顆卵。

飛行速度
時速可達15公里

公里/小時	5	10	15	20
英里/小時	5		10	

最大的
蝴蝶

「鳥翼蝶是地球上
**最稀有的
一種蝴蝶。**」

鮮豔的雄蝶
雄蝶的顏色比雌蝶鮮豔得多，
雌蝶的體型則比較大，顏色主
要是褐色，翅膀有白邊。求偶
時，雄蝶會在雌蝶的上方盤
旋，揮動色彩斑斕的長翅膀，
並釋放出氣味香甜的化學物質。

不會沉的蟲子

水黽

纖細修長的水黽非常輕，所以可以在水面上行走。 水分子之間有堅固的鍵結，使水分子互相吸引，形成有彈性的表面膜，強大得足夠讓水黽能站立在上面。同時，表面膜也困住其他昆蟲，水黽會快速地滑行，越過水面，發動攻擊，輕鬆地捕捉受困的獵物。

特殊的腳
水黽看起來好像只有兩對腳，但其實在身體的前端還有較短的第三對腳，用來捕捉獵物。水黽利用中間那對修長的腳在水面上滑動，後腳則用來控制方向。

密布細毛
水黽的腳上覆蓋了光滑的細毛，可以困住微小的氣泡，這樣水黽的腳底就不會弄溼，可以吸附在表面膜上。水黽的腳使水面收縮，就好像站在彈簧墊上一樣。水黽身體的其他部位也覆有類似的毛髮，確保水黽絕對不會往下沉。

中足的作用就像槳一樣，可以推動水黽前進。

水黽利用腳來偵測水面上的漣漪，追蹤獵物的行跡。

數據有根據

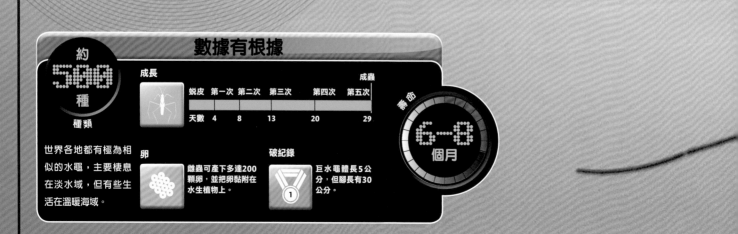

約 **500** 種
種類

世界各地都有極為相似的水黽，主要棲息在淡水域，但有些生活在溫暖海域。

成長

	蛻皮	第一次	第二次	第三次	第四次	第五次	成蟲
天數		4	8	13	20	29	

卵
雌蟲可產下多達200顆卵，並把卵黏附在水生植物上。

破紀錄
巨水黽體長5公分，但腳長有30公分。

壽命 **6-8** 個月

「水黽以
每秒 1.5 公尺的
速率移動——
快得就在轉眼之間。」

光滑修長的身體覆蓋著細毛，防止水黽下沉。

短而強壯的前足用來捕捉獵物。

被表面膜困住的螞蟻成了水黽的輕鬆大餐。

在水面上 行走

有毒的口器

和所有真蟲一樣，水黽並沒有咬合用的顎。水黽的顎特化成尖銳的口器，可以刺入獵物的身體，注射有毒的唾液。水黽利用唾液消化獵物堅硬外骨骼下的軟組織，再轉變成液體吸食。

驚人的構造

最亮的昆蟲
螢火蟲

很少有蟲像螢火蟲這樣令人驚豔。多虧了尾端的特殊發光器，螢火蟲才能在夜空中一邊飛行，一邊閃爍著亮光，吸引配偶。發光的過程是一種化學反應，並不會產生任何熱，螢火蟲還能隨心所欲地控制發光器發光和熄滅。有的螢火蟲在黑暗中發光，有的則以特殊的模式閃光。

長長的觸角有敏銳的觸覺、味覺和嗅覺。

大大的眼睛可以幫助螢火蟲接收其他個體的訊號。

發光模式

在北美洲，有許多親緣關係十分相近的螢火蟲。每一種螢火蟲飛行時，都有自己特殊的閃光模式，讓相同種類的個體可以互相辨別。有的螢火蟲會發出一系列短暫的閃亮，間隔時間或長或短；有些螢火蟲每次發光的時間比較長，在夏夜的空中留下圖案。

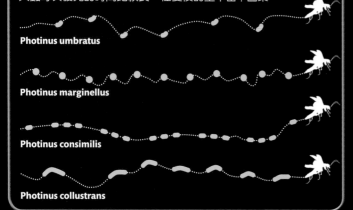

Photinus umbratus

Photinus marginellus

Photinus consimilis

Photinus collustrans

致命的吸引力
右圖是 *Photuris* 屬的螢火蟲，棲息在美洲，利用發光器向其他的個體傳遞訊息。當雌蟲看見雄蟲發出的暗號，就會閃光回應，表示邀請。不過，雌蟲也能模擬 *Photinus* 屬雌螢火蟲的發光模式，吸引同屬的雄蟲靠近，等對方一落地，就把牠吃掉。

獵捕蝸牛

許多螢火蟲的幼蟲是專吃蝸牛的凶猛捕食者。飢餓的幼蟲利用一對尖銳的顎，朝獵物體內注射消化液，把蝸牛的組織化成液體再吸食。圖中是一種歐洲螢火蟲的幼蟲。

數據有根據

約 **2000** 種

種類

世界各地都有螢火蟲，有些種類的雌蟲無法飛行，被稱為發光蟲。

 發光效率
螢火蟲發光器所消耗的能量有98%轉換為光。

 防禦
螢火蟲體內還有毒素，讓捕食者難以下嚥。

 生命周期
幼蟲期約一年，經過大約兩週的蛹期，再轉變為成蟲。

 光
螢火蟲的光有黃色、橘色和綠色。

成蟲壽命 **8** 週

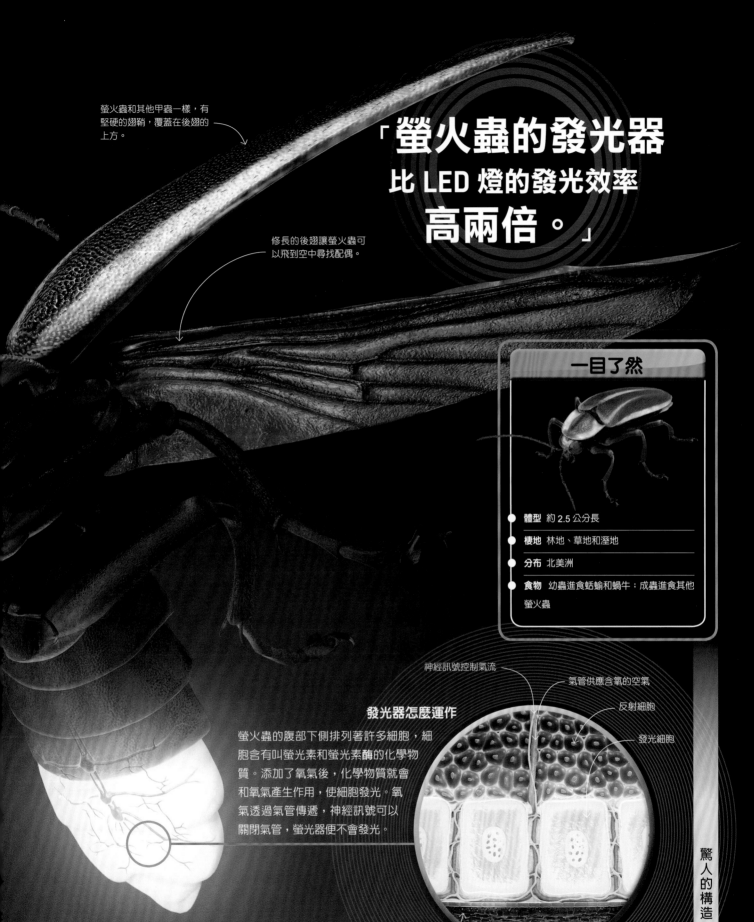

螢火蟲和其他甲蟲一樣,有堅硬的翅鞘,覆蓋在後翅的上方。

修長的後翅讓螢火蟲可以飛到空中尋找配偶。

「螢火蟲的發光器 比 LED 燈的發光效率 高兩倍。」

一目了然

- **體型** 約 2.5 公分長
- **棲地** 林地、草地和溼地
- **分布** 北美洲
- **食物** 幼蟲進食蛞蝓和蝸牛;成蟲進食其他螢火蟲

神經訊號控制氣流

氣管供應含氧的空氣

反射細胞

發光細胞

發光器怎麼運作

螢火蟲的腹部下側排列著許多細胞,細胞含有叫螢光素和螢光素酶的化學物質。添加了氧氣後,化學物質就會和氧氣產生作用,使細胞發光。氧氣透過氣管傳遞,神經訊號可以關閉氣管,螢光器便不會發光。

半透明的表皮結構使光芒更加亮眼。

會發光的蟲

有些螢火蟲出沒在氣候溫暖的地區，例如東南亞地區的螢火蟲，各族群之間並不會緊密靠近，但會同時發出閃光。這種同步的燈光秀就像在樹上掛了幾千盞黃綠色的小燈，然後同時熄滅。科學家目前還不知道，這種螢火蟲為什麼要以這麼特別的方式一起發光。

模仿樹葉

圖中這棵熱帶樹木上的樹葉看起來也許很普通，沒有什麼異常的地方，不過，再仔細看一看：有三隻葉䗛懸清清楚楚地掛在樹枝上。為了偽裝得更徹底，葉䗛還會隨著微風輕輕擺動，就像真的樹葉一樣。

偽裝大師
馬來西亞葉螳

葉螳演化出動物界最引人注目的偽裝功力，和竹節蟲有親緣關係，不過葉螳身體扁平，是綠色或褐色的，看起來幾乎就和樹葉一樣——有中脈、葉脈，甚至還有模擬葉片受損的深色區塊。葉螳腳上有寬闊的板狀構造，看起來就像被其他昆蟲啃食過的葉片。這種驚人的偽裝功力保護葉螳不被鳥類發現，因為鳥類主要依靠視覺在樹林間尋找昆蟲獵物，並不會注意到懸吊在樹葉之間的葉螳。

一目了然

- **體型** 約 5-10 公分
- **棲地** 熱帶森林
- **分布** 馬來西亞
- **食物** 樹葉

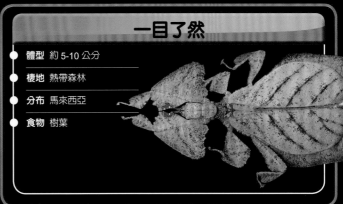

數據有根據

約 54 種

種類

這種蟲分布在南亞至澳洲。

成蟲壽命

7 個月

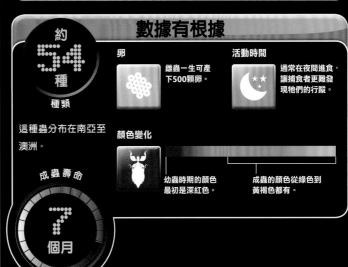

卵

雌蟲一生可產下500顆卵。

活動時間

通常在夜間進食，讓捕食者更難發現牠們的行蹤。

顏色變化

幼蟲時期的顏色最初是深紅色。

成蟲的顏色從綠色到黃褐色都有。

樹梢上的扮裝
巨竹節蟲

巨型竹節蟲棲息在熱帶地區，體長可超過50公分——相當於手腕到肩膀的長度，是地球上最長的昆蟲。巨竹節蟲和所有的竹節蟲一樣，苗條修長的體型其實是一種偽裝，讓牠可以假扮成樹上的樹枝，躲避敵人的耳目。為了偽裝得夠徹底，竹節蟲會配合森林中的葉子，隨風擺動，除此以外，在白天很少活動。右圖的種類是泰坦竹節蟲——澳洲最長的竹節蟲之一。

最長的
昆蟲

一目了然

- **體型** 27 公分長，加上足部伸展則可達 34 公分
- **棲地** 林地
- **分布** 澳洲東北部
- **食物** 柏木、金合歡、桉樹和其他樹木的葉片

數據有根據

約 **2400** 種

種類

竹節蟲出沒在世界各地氣候溫暖的地區。

破紀錄

最小型的竹節蟲體長約1.1公分。

公分	10	20	30	40	50	60
英寸	4	8	12	16	20	

最長的竹節蟲體長達56公分（加上前足伸展的長度）。

防禦

有些竹節蟲會假死、斷足、發出難聞氣味，或者猛烈攻擊。

卵

有些竹節蟲的產卵數量達到2000顆。

成蟲壽命

3 年

找尋樹葉

到了晚上，泰坦竹節蟲離開白天時棲息的樹枝，慢慢地在樹上爬行，尋找食物。牠不需要走得太遠，因為牠的食物就是樹葉——利用強韌尖銳的顎把葉片嚼爛。

特殊的角色

蜜罐蟻和所有螞蟻一樣，是成群
居住的昆蟲，由一隻負責繁殖的
蟻后控制整個族群。工蟻的工作
包括照料蟻后、搭建蟻巢和蒐集
食物。圖片中這些負責儲存食物
的螞蟻是一種特殊的工蟻。

活生生的儲糧倉
蜜罐蟻

蜜罐蟻棲息在澳洲，身體因為裝滿食物而脹大，因此只能倒掛在地下的巢穴中。不過，倒掛著的蜜罐蟻可不只是吃撐了，而是蟻巢內活生生的儲糧倉：巢內的其他螞蟻把花蜜、動物的汁液，甚至水餵給牠們喝，直到牠們的身體像氣球一樣膨脹起來。膨脹的狀態可能維持好幾個月，準備好度過缺乏食物和水分的日子。這個時候，負責儲存糧食的蜜罐蟻就會把體內含有糖分的液體提供給其他成員，確保整個族群能存活下來，直到食物充沛的季節再度來臨。

一目了然

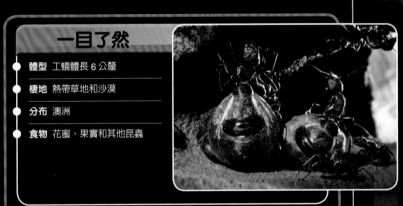

- **體型** 工蟻體長 6 公釐
- **棲地** 熱帶草地和沙漠
- **分布** 澳洲
- **食物** 花蜜、果實和其他昆蟲

數據有根據

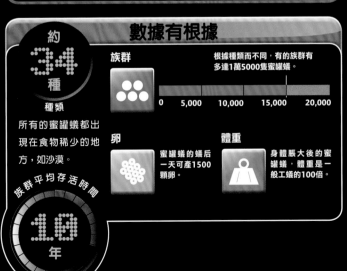

約 **34** 種
種類

所有的蜜罐蟻都出現在食物稀少的地方，如沙漠。

族群

根據種類而不同，有的族群有多達1萬5000隻蜜罐蟻。

0　5,000　10,000　15,000　20,000

卵

蜜罐蟻的蟻后一天可產1500顆卵。

體重

身體脹大後的蜜罐蟻，體重是一般工蟻的100倍。

族群平均存活時間
10 年

驚人的嗅覺

自動導航

雄性大天蠶蛾的觸角上排列著
許多化學訊號接收器。如果其
中一根觸角偵測到的香氣比另
一根觸角強烈，蛾就會自動轉
向持續跟蹤目標。

超敏感觸角
大天蠶蛾

雄性大天蠶蛾的羽狀觸角對一種特定的氣味非常敏感：也就是剛剛孵化的雌蛾所散發的氣味。這種氣味叫做費洛蒙，隨風飄散，就算空氣中只有微量，雄蛾的觸角都能從很遠的距離之外偵測到，找出雌蛾在哪裡，並和牠交配，繁衍下一代。這是成年雄蛾一生中唯一的目標，畢竟牠無法進食，而且壽命也不超過一個月。

一目了然

- **體型** 翅展可達 15 公分
- **棲地** 有低矮灌木叢的野外
- **分布** 歐洲和亞洲西部
- **食物** 成蟲不進食；幼蟲吃木本植物的樹葉

數據有根據

約 18 種

種類

除了歐洲及亞洲之外，在北美洲也能發現大天蠶蛾的蹤影。

成蟲壽命

4 週

卵

雌蛾可產達100顆的卵，每組有20顆卵左右。

成長

卵需要 10-30 天才能孵化。

氣味

在10公里外就能偵測到天蠶蛾的氣味。

防禦

天蠶蛾翅膀上的眼斑有嚇退敵人的作用。

最大的蟲

長戟大兜蟲

巨大的長戟大兜蟲是地球上最大的昆蟲之一，有些雄蟲的體長甚至超過15公分，因為雄蟲身體前方有突出的大型角突，另外在頭部前方也有相似的角突，因此抬頭的時候，兩根角突會像大顎一樣互夾。長戟大兜蟲利用角突和對手較勁。

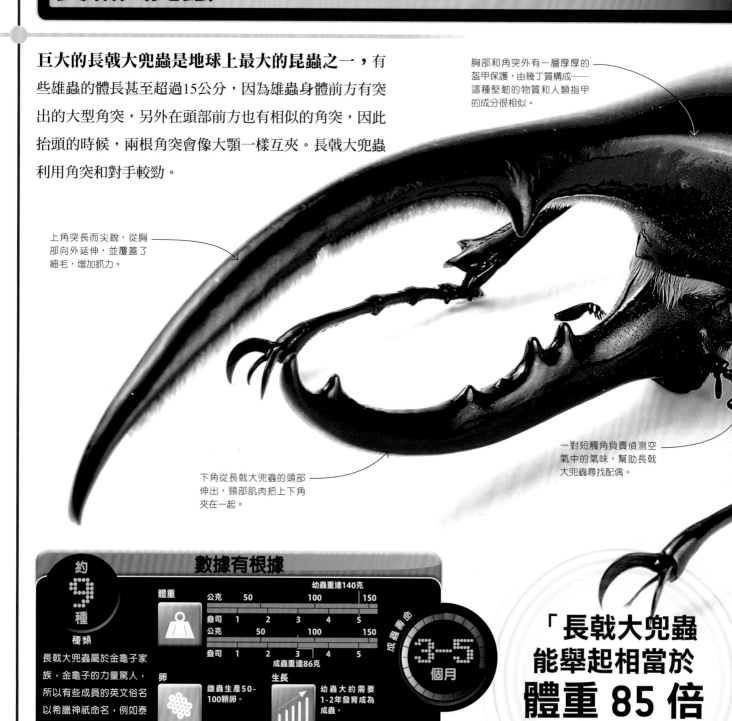

胸部和角突外有一層厚厚的盔甲保護，由幾丁質構成──這種堅韌的物質和人類指甲的成分很相似。

上角突長而尖銳，從胸部向外延伸，並覆蓋了細毛，增加抓力。

下角從長戟大兜蟲的頭部伸出，頸部肌肉把上下角夾在一起。

一對短觸角負責偵測空氣中的氣味，幫助長戟大兜蟲尋找配偶。

數據有根據

約 **9** 種

種類

長戟大兜蟲屬於金龜子家族，金龜子的力量驚人，所以有些成員的英文俗名以希臘神祇命名，例如泰坦、阿特拉斯和歌利亞。

體重					幼蟲重達140克	
公克	50		100		150	
盎司	1	2	3	4	5	
公克	50		100		150	
盎司	1	2	3	4	5	

成蟲達86克

卵：雄蟲生產50-100顆卵。

生長：幼蟲大約需要1-2年發育成為成蟲。

成蟲壽命 **3-5** 個月

> 「長戟大兜蟲能舉起相當於**體重85倍**的重量。」

不只有力，還吵得很

長戟大兜蟲不只力氣大，而且還很吵，受到捕食者威脅的時候，會以粗糙的翅鞘摩擦腹部，發出嘶嘶的聲音。

翅鞘保護細緻脆弱的翅膀，長戟大兜蟲準備起飛時，有開闔關節的翅鞘就會打開。

腹部

一節節的腳看來雖然纖細修長，實際上卻很強壯，足夠讓大兜蟲把對手高舉空中。

一目了然

● 體型 17 公分長

● 棲地 熱帶雨林

● 分布 中美洲和南美洲

● 食物 幼蟲吃腐木；成蟲吃掉落的果實

摔角比賽

為了競爭和雌蟲交配的機會，雄性的長戟大兜蟲會像日本的相撲選手一樣進行摔角，試著舉起對方，避免像鉗子一樣的長角勾在一起，一旦成功就能把對手舉起來，翻倒在地上。

其他重量級選手

長戟大兜蟲的幼蟲擅長挖掘地道，以腐木為食，體重甚至比成蟲還要重。不過有些棲息在熱帶地區的甲蟲，幼蟲比長戟大兜蟲的幼蟲更重，因為吃的食物營養更豐富，而且只有在幼蟲期會發育生長。

泰坦甲蟲
泰坦甲蟲棲息在南美洲，是地球上最大的甲蟲。雖然跟長戟大兜蟲差不多長，但體型要大得多，體重也更重。

大角金龜（歌利亞甲蟲）
大角金龜棲息在中美洲，體長可達 11 公分，雖然不及長戟大兜蟲，但長角金龜的體重更重，可達 100 克。

飛行中的甲蟲

雖然體重不輕，但長戟大兜蟲還是能夠展翅飛翔。這隻雄蟲掀開堅硬的翅鞘，展開纖細的後翅，一飛沖天，看起來好像不太平衡，不過角的重量其實很輕。展開的翅鞘有點像飛機的機翼，在大兜蟲拍動後翅向前飛行的時候，產生額外升力。

「科學家在甲蟲身上安裝**微型電腦**，研究**牠們的飛行。**」

毒吻
巨蜈蚣

棲息在熱帶的巨蜈蚣是凶猛的捕食者，有一對形狀像尖牙的毒爪，只要螫一下就能奪取狼蛛的性命。巨蜈蚣幾乎看不見，依靠嗅覺和觸覺尋找獵物，因此在黑暗中也能捕食。

長長的觸角是蜈蚣主要的感覺器官，用觸覺和嗅覺來偵測獵物。

把食物吞下肚之前，蜈蚣會先利用一對大顎咀嚼食物。

蜈蚣的觸鬚就像一對活動短足，用來撕裂獵物。

毒爪是特化的足，前端中空而且尖銳，負責注射毒液到獵物體內。

一目了然

- **體型** 30 公分長
- **棲地** 熱帶森林
- **分布** 南美洲北部
- **食物** 昆蟲、蜘蛛、蜥蜴、蛙、鼠、蝙蝠和小型鳥類

多腳獵人

蜈蚣屬於多足類動物，而多足類動物的每個體節都有一對足。巨蜈蚣是蜈蚣家族中體型最大的成員，又叫做百足蟲，不過圖中的巨蜈蚣只有 46 隻腳。蜈蚣是行動快速的捕食者，喜歡出沒在黑暗、潮溼的地方，通常棲息在地底下。

兩根毒爪分別有毒腺。毒腺受到肌肉擠壓，把有毒物質注入獵物的傷口。

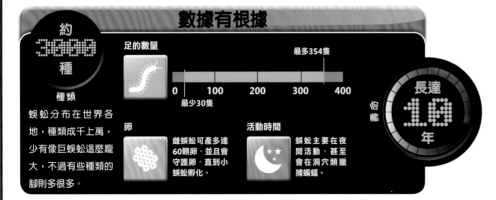

數據有根據

約 3000 種

種類

蜈蚣分布在世界各地，種類成千上萬，少有像巨蜈蚣這麼龐大，不過有些種類的腳則多很多。

足的數量

最多354隻

0　100　200　300　400

最少30隻

卵

雌蜈蚣可產多達60顆卵，並且會守護卵，直到小蜈蚣孵化。

活動時間

蜈蚣主要在夜間活動，甚至會在洞穴類獵捕蝙蝠。

長達 10 年

蜈蚣的足非常適合快速行走，每對足接連依順序動作，像是在蜈蚣身體兩側起伏的波浪。

昆蟲大餐

蜈蚣利用尖銳有力的毒爪捉拿獵物，注入致命的毒液，在毒液發揮作用前，緊緊抓住獵物，一直等到獵物死亡。接著，蜈蚣會用觸鬚撕扯獵物，咀嚼昆蟲堅韌的表皮。蜈蚣進食時，一對巨大的唾液腺會分泌液體開始分解食物。

「巨蜈蚣是**凶猛的捕食者**，甚至能殺死飛行中的蝙蝠。」

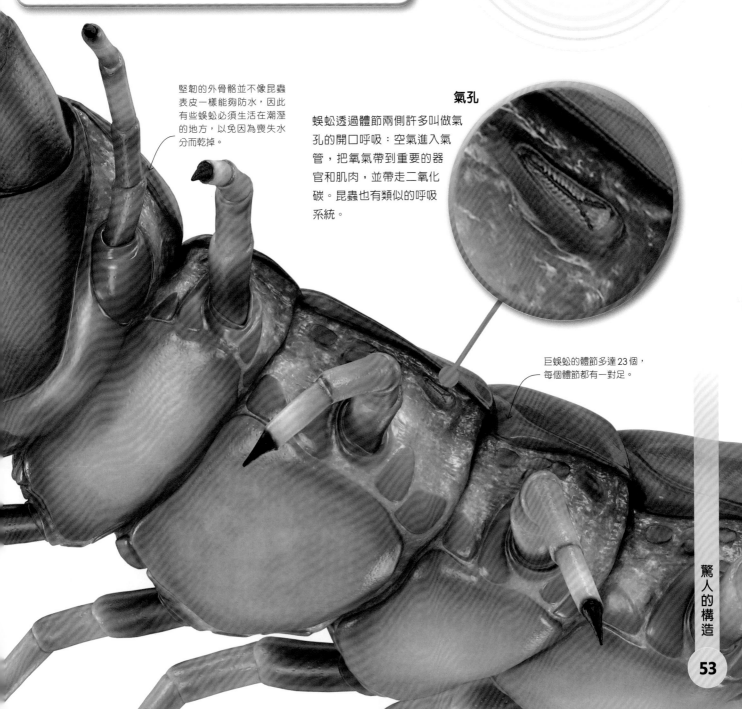

堅韌的外骨骼並不像昆蟲表皮一樣能夠防水，因此有些蜈蚣必須生活在潮溼的地方，以免因為喪失水分而乾掉。

氣孔

蜈蚣透過體節兩側許多叫做氣孔的開口呼吸：空氣進入氣管，把氧氣帶到重要的器官和肌肉，並帶走二氧化碳。昆蟲也有類似的呼吸系統。

巨蜈蚣的體節多達23個，每個體節都有一對足。

毒性飲食

透翅蝶吸食的花蜜中含有一些特殊的化學物質，對其他生物有毒，但透翅蝶吃下後，能夠把自己的味道變得很難吃，避免被鳥類和其他飢餓的捕食者獵捕。透翅蝶的幼蟲也吃有毒的植物，來達到同樣的效果。

透明的翅膀
透翅蝶

多數蝴蝶的翅膀都覆蓋著小小的鱗片。鱗片就像屋瓦一樣互相交疊，為蝴蝶的翅膀帶來色彩和圖案。不過透翅蝶的翅膀不太一樣，只有邊緣有鱗片，其餘的部分則像玻璃一樣透明，事實上根本就是「超級透明」，因為有特殊的微型結構阻止光線反射，在陽光下也不會閃閃發光，因此捕食者幾乎看不到透翅蝶。

一目了然

- **體型** 3 公分長，翅展 6 公分
- **棲地** 熱帶雨林
- **分布** 中美洲
- **食物** 幼蟲吃樹葉；成蟲吸食花蜜

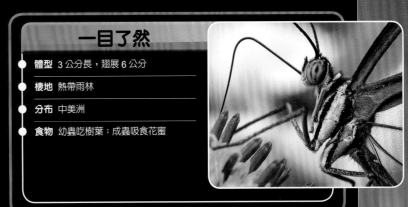

數據有根據

約

38

種

種類

透翅蝶主要棲息在中美洲和南美洲的熱帶森林中。

成蟲最長壽命

12

週

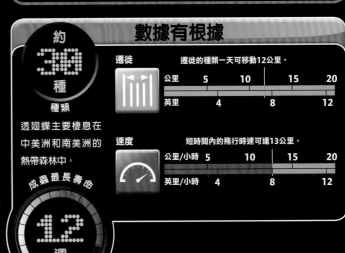

遷徙   遷徙的種類一天可移動12公里。

公里	5	10	15	20
英里	4	8	12	

速度   短時間內的飛行時速可達13公里。

公里/小時	5	10	15	20
英里/小時	4	8	12	

眼距寬闊的柄眼蠅

剛孵化的柄眼蠅還沒有這麼長的眼柄。為了延展眼柄的長度，柄眼蠅把空氣打進頭部，讓眼柄像望遠鏡一樣愈伸愈長。柄眼蠅無論雌雄都有眼柄，不過雄柄眼蠅的眼柄較長。

眼柄決勝負
柄眼蠅

外型特殊的柄眼蠅，兩隻眼睛分別位在細長的眼柄兩端。 雄柄眼蠅會利用這種獨特的特徵互相競爭異性的注意，眼柄愈長愈能得到雌蠅的歡心，因為眼柄長度就是力量的象徵。雄柄眼蠅的對手也很清楚這一點，如果兩隻雄柄眼蠅正面交鋒，準備用眼柄長度一決勝負，眼柄較短的雄柄眼蠅會自動退讓。眼柄較長的雄柄眼蠅因此可以繁衍更多的後代，子孫個個都繼承了父親的長眼柄。

一目了然

- **體型** 12 公釐長
- **棲地** 常棲息在溪流附近的潮溼地區
- **分布** 東南亞
- **食物** 生長在腐爛植被上的真菌和細菌

數據有根據

約 **1.50** 種
種類

主要棲息在亞洲和非洲，但北美洲有兩種柄眼蠅；歐洲也有一種。

眼柄長度

兩眼相距約1.5公分

公分	0.5	1	1.5	2
英寸	¼	½	¾	

卵

雌蟲每天可產下四至六顆卵，並持續長達六個月。

視力

這種不可思議小蟲有360度的環繞視野。

成蟲壽命

約 **200** 天

夜間潛行者

和許多親戚一樣，這種鞭蠍分布
在東南亞，居住在溫暖、潮溼的
森林裡，通常只在晚上出來捕
食。黑暗中，鞭蠍靠著修長的前
腳感覺獵物，再用爪子捕捉、擠
碎獵物。

潑酸攻擊者
鞭蠍

小心，鞭蠍出現了！鞭蠍常被稱為醋酸蟲，外型可怕，有八隻腳，長長的尾巴就像鞭子一樣，也是節肢動物的一種——和蜘蛛、蠍子是親戚。鞭蠍看起來非常危險，有擠碎獵物身體的爪子，還展示著很有威脅性的可怕武器，不過卻沒有尾刺，也沒有毒牙。如果遭受攻擊，鞭蠍尾巴基部的腺體會噴出醋酸，所以又有醋酸蟲的稱號。醋酸噴進敵人的眼裡，會造成短暫失明，讓鞭蠍能趁機逃走。

一目了然

- **體型** 5 公分長，不包括鞭子一樣的尾巴
- **棲地** 森林、草地和沙漠
- **分布** 南亞、東南亞、北美洲、南美洲和非洲
- **食物** 主要吃昆蟲，但也會吃蠕蟲和蛞蝓

數據有根據

約 **100** 種

種類
圖中的鞭蠍主要棲息在美洲熱帶地區和遠東。

壽命
7 年

醋酸噴射距離　鞭蠍可以精準地噴射達30公分。

公分	10	20	30	40
英寸	4	8	12	

卵
雌鞭蠍腹部的卵囊可攜帶40顆卵。

活動時間
鞭蠍會挖掘地道，或躲在石頭或落葉朽木堆中，晚上才出來捕獵。

耀眼的騙局
透翅蛾

帶有警戒意味的黃黑條紋，通常只代表一件事——小心蜂螫。不過透翅蛾並沒有螫針，而且也不會咬人，是完全無害的蛾類，卻有粗壯的觸角和透明的翅膀，看起像極了胡蜂，讓鳥類誤認以為是大型的胡蜂——虎頭蜂。透翅蛾的偽裝幾乎完美，唯一露餡的地方就在少了胡蜂一樣的細腰。不過，透翅蛾需要欺騙敵人的時間並不長：幼蟲在樹木中生長好幾個月，一旦羽化轉變成蛾後，只有短短幾天的壽命。

一目了然

- **體型** 翅展達 5 公分
- **棲地** 白楊木、柳樹上，及這些樹的附近
- **分布** 歐洲
- **食物** 幼蟲鑽入白楊木或柳樹的樹幹中，以木材為食；成蟲不進食

數據有根據

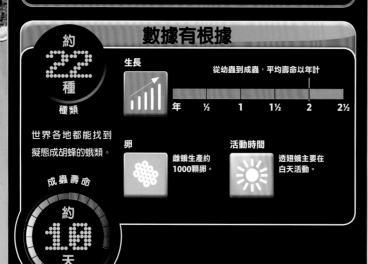

約 **22** 種
種類

世界各地都能找到擬態成胡蜂的蛾類。

生長

從幼蟲到成蟲，平均壽命以年計

年　½　1　1½　2　2½

卵 雌蛾生產約 1000 顆卵。

活動時間 透翅蛾主要在白天活動。

成蟲壽命
約 **18** 天

「無害的生物擬態模仿成
令敵人害怕的物種，就叫做
貝氏擬態。」

安靜不動
初夏的時候，透翅蛾剛剛羽
化，在飛向天空之前，會有很
長的時間在樹上休息。成蟲無
法進食，只會在生命結束前找
到配偶，完成產卵。

超級口器

堅果象鼻蟲

象鼻蟲是一種特化的甲蟲，通常有長長的口器和奇怪的外形。 雌蟲的口器又長又彎，幾乎跟體長一樣長，是一種演化適應的特殊構造，用來在榛果上鑽洞，讓雌蟲在榛果內產卵。

堅果象鼻蟲的口器尖端有一對微小的大顎，用來進食，也可以在堅果上鑽洞。

一目了然

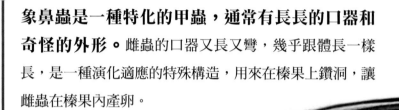

- **體型** 體長約 8 公釐
- **棲地** 林地中的榛果樹上
- **分布** 歐洲
- **食物** 榛樹果實、花芽及樹葉

在堅果上鑽洞

堅果象鼻蟲和其他幾種親緣關係相近的象鼻蟲一樣，演化出適應在堅果上鑽洞的能力。右圖的象鼻蟲專門在橡子上鑽洞。

數據有根據

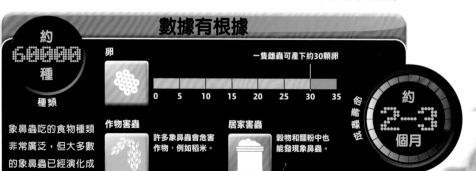

約 60000 種
種類

象鼻蟲吃的食物種類非常廣泛，但大多數的象鼻蟲已經演化成只吃特定一種植物。

卵 一隻雌蟲可產下約30顆卵
0 5 10 15 20 25 30 35

作物害蟲 許多象鼻蟲會危害作物，例如稻米。

居家害蟲 穀物和麵粉中也能發現象鼻蟲。

成蟲壽命 約 2-3 個月

「種類不同，
象鼻蟲口器的長度和
形狀也有
很大的差異。」

強壯的腳前端有爪，非常適合在葉子上行走。

生命之樹

榛果象鼻蟲在榛樹上度過一生。成蟲的食物是花芽和樹葉，雌蟲會在堅果內產卵。孵化之後的幼蟲吃堅果，接著鑽進地下，準備轉變為成蟲。

奇異的象鼻蟲

許多象鼻蟲的身體形狀、體色和身上的圖案都很特別，有些身上覆滿細毛般的剛毛。

藍色象鼻蟲

藍色象鼻蟲棲息在新幾內亞的熱帶雨林，身上覆蓋著突起的小鱗片，在一道道的陽光下發出閃耀的光芒。

椰子大象鼻蟲

這種象鼻蟲又大又紅，很像鐵鏽的顏色，已經成為危害作物的種類，幼蟲會在棕櫚樹中鑽很深的洞，最後甚至造成植物死亡。

***Larinus* 屬象鼻蟲**

這種象鼻蟲的學名是 *Larinus sturnus*，身上覆有細毛，並點綴著亮黃色斑塊（牠和許多象鼻蟲一樣，目前並沒有俗名），棲息在歐洲的草原上。

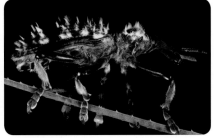

毛束象鼻蟲

毛束象鼻蟲棲息在馬達加斯加，背上豎立著顏色鮮豔的剛毛，有助牠吸引配偶。

驚人的構造

63

超薄的身體
琴蟲

腐木鬆軟的樹皮底下，住著許多小型生物，躲避飢餓的鳥類。不過，東南亞的森林一點也不安全：琴蟲正對牠們虎視眈眈。琴蟲演化出完美的適應特徵，身體扁平，可以鑽到樹皮薄片和萌發的真菌下方，利用狹窄的頭部在木材上的裂縫探尋，揪出藏身其中的昆蟲幼蟲和蝸牛。黑暗中，琴蟲用又長又敏感的觸角感覺周遭的環境，並以尖銳彎曲的顎捕捉獵物。

一目了然

- **體型** 10 公分長
- **棲地** 雨林
- **分布** 東南亞
- **食物** 昆蟲和蝸牛

數據有根據

約 5 種
種類

琴蟲的身體形狀就像一把小提琴，因此得名，五種琴蟲都分布在東南亞。

防禦
為了驅趕捕食者，琴蟲會從腺體分泌出一種難聞的液體。

活動時間
琴蟲是夜間出沒的捕食者。

生長
幼蟲發育需要九個月。

月

| 1 | 2 | 3 | 4 | 5 | 6 | 7 | 8 | 9 | 10 | 11 | 12 |

成蟲壽命
2-3 年

隱形的入侵者
琴蟲的翅鞘（前翅）寬闊而且扁平，非常纖薄，幾乎透明。當琴蟲行走在森林地面的落葉堆中，很難發現牠的身影。

最扁的
昆蟲

毛茸茸的翅膀

有些種類的纓小蜂沒有翅膀，或者翅膀很短；許多種類的翅膀非常獨特，邊緣有長毛。這樣的翅膀看起來可能對飛行完全沒有幫助，不過像纓小蜂這麼微小的生物，有不同的飛行方式，所以飛得好好的。

最小的
飛行昆蟲

小得驚人
纓小蜂

纓小蜂體型微小、結構纖細，翅膀看起來就像羽毛一樣，是最小型的飛行昆蟲，小到可以把卵產在其他昆蟲的卵中，孵化後的幼蟲就把卵當成食物，直到準備轉變為成蟲。成蟲的壽命非常短，很多根本不會進食，把所有的時間全部投注在尋找配偶和繁殖這兩件事情上。哥斯大黎加有一種纓小蜂的雄蜂，是地球上最小的昆蟲。

一目了然

- **體型** 可達 5.4 公釐，但大多數較小，只有 0.5-1 公釐

- **棲地** 廣泛分布在各種棲地，有些甚至生活在水中

- **分布** 世界各地，除極區以外

- **食物** 幼蟲吃昆蟲的卵；成蟲吸食含有糖分的花蜜或蜜露，或者完全不進食

數據有根據

約 1400 種 種類

纓小蜂幾乎無所不在，但是因為體型太小，所以很少有人注意到。

成蟲壽命

1-15 天

破紀錄 最小型的纓小蜂只有英文句點四分之一的大小。

卵 雌蜂產卵的數量多達100顆。

活動時間 纓小蜂主要在白天活動，通常是獨居的昆蟲。

水生昆蟲 水生的纓小蜂利用翅膀游泳。

長喙天蛾棲息在馬達加斯加島，口器是所有昆蟲之中最長的，這樣才能夠吸食白色星狀蘭花的花蜜，因為花蜜藏在長管的底部。這種蘭花有濃烈的香味，只會在夜間釋放，吸引大老遠之外的飛蛾前來，不過其他昆蟲根本吃不到，因此保障了非洲長喙天蛾有充足的食物。

長喙天蛾翅膀面積大，是強而有力的飛行昆蟲。

長喙天蛾用腳攀附在花瓣上進食，而不是盤旋在花朵上。

甜蜜的點心
非洲長喙天蛾停駐在星形的蘭花上，用長長的口器深入花距吸食花蜜，吸完之後，再飛到另一朵同種的蘭花上。在這個過程中，長喙天蛾把花粉從一朵蘭花帶到另一朵，幫助授粉和結子。

白色的花瓣在黑暗中非常顯眼。

「非洲長喙天蛾的口器長度是體長的五倍以上。」

花距是一種細長的管狀構造，寬度只能容納非洲長喙天蛾的口器。

長喙天蛾細長的口器。

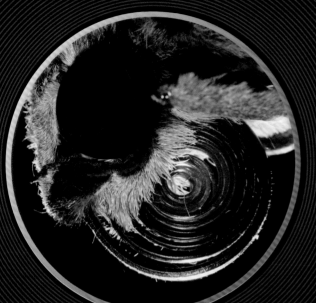

捲好口器

不需要伸進花距中探尋花蜜的時候，天蛾修長的口器會平整地捲起來，收納在頭部下方。管狀的口器就像吸管，用來吸取含有糖分的花蜜。

花粉快遞服務

蘭花要吸引蛾類有很重要的原因——它需要昆蟲幫忙把花粉攜帶到其他植株的花朵上。花粉污放在兩個小囊，天蛾吸食完花蜜，抽出口器的時候，小囊便會黏附在長長口器的底部。

長喙天蛾把口器捲繞收好起飛，尋找另一朵花，這時花粉囊依然黏附在口器上。長喙天蛾對其他種類的花沒有興趣，所以花粉不可能送錯地方，而蘭花也正需要長喙天蛾這麼做。

找到另一朵蘭花後，長喙天蛾就把捲起來的口器伸開，準備吸食花蜜，在進食的同時，原本攜帶的花粉囊會轉移到新的花朵上。這樣，蘭花才能受精，結出種子。長喙天蛾完成了授粉的任務，也獲得甜蜜的大餐作為報酬。

一目了然

- **體型** 約 6.5 公分長，不包括口器
- **棲地** 熱帶森林
- **分布** 馬達加斯加和非洲東部
- **食物** 成蟲吸食花蜜；幼蟲吃葉片

花蜜深藏在花距的底部，只有有長喙天蛾才有辦法吸食。

數據有根據

活動時間

長喙天蛾都是夜行性昆蟲，晚上才會外出覓食。

破紀錄

長喙天蛾的口器伸展後長達35公分。

防禦

白天休息時，蛾類利用保護色來避免被捕食者發現。

振翅

天蛾是飛行速度快的強壯昆蟲，振翅的速率極高。

約 1,450 種類

世界各地有許多天蛾，長喙天蛾是其中之一。

成蟲壽命 約 12 週

驚人的構造

閃亮的昆蟲
黃金金龜子

昆蟲界中最美麗的一種甲蟲就是寶石金龜。寶石金龜顏色鮮豔，閃閃發光，看上去就像是金屬做的，那是因為外骨骼有一層特殊構造，可以反射光線。許多金龜子閃著綠色、紅色的光芒，而中美洲的黃金金龜甚至有金黃色的光澤，看起來和黃金做的一樣。意外的是，這些光澤反倒讓金龜子更不容易被發現，因為牠棲息在潮熱帶雨林中，當陽光照在潮溼的葉片上，反射的光線就會把牠身體的輪廓隱藏起來。

一目了然

- **體型** 可達 3 公分長
- **棲地** 高海拔的熱帶森林
- **分布** 中美洲
- **食物** 葉子

數據有根據

約 85 種
種類

寶石金龜只出現在中美洲、南美洲和美國西南部。

成蟲壽命
約 3 個月

活動時間
主要在夜間出沒，並且會受到強光吸引。

防禦
陽光下，他們閃耀的身體能夠混淆捕食者。

高額懸賞
收藏家之間，一隻寶石金龜要價高達300歐元。

現況
受到棲地破壞和收藏家的威脅。

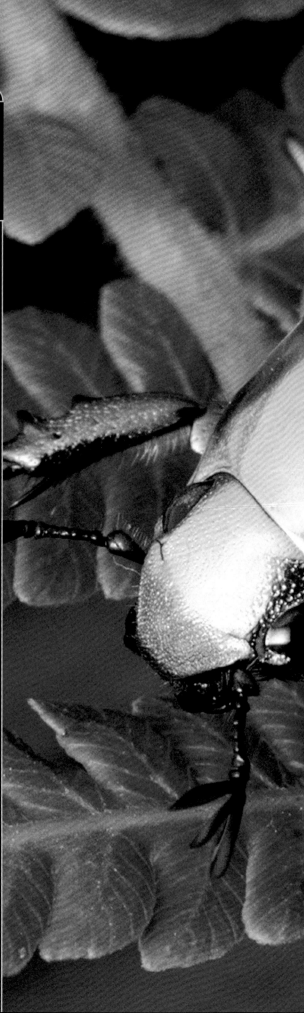

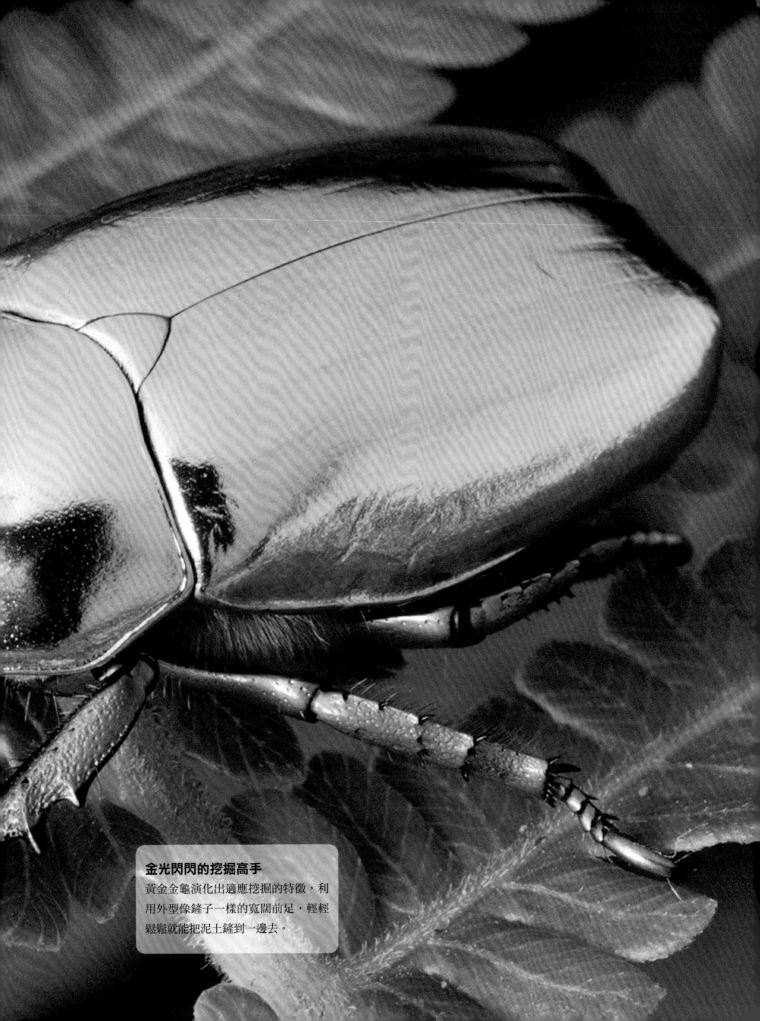

金光閃閃的挖掘高手

黃金金龜演化出適應挖掘的特徵，利
用外型像鏟子一樣的寬闊前足，輕輕
鬆鬆就能把泥土鏟到一邊去。

動物界的運動員

不管是跑、跳還是飛行，蟲都是破紀錄的高手。儘管體型微小，有些蟲的移動速度教你目瞪口呆，還有些蟲有不可思議的靈活身手，不管在地面上或是在空中都一樣矯健。許多蟲利用這樣的優勢來捕獵、覓食或逃離危險。

遷徙距離 最長

盛大同眠

冬季時，大量大樺斑蝶聚集在
加州和墨西哥溫暖的林地上，
共度四個月以上，聚成一群
群，緊緊地靠在一起，在喜愛
的樹木上一起冬眠，之後再飛
回北方繁殖。

不可思議的旅程
大樺斑蝶

蝴蝶在花間穿梭、吸食花蜜，看起來似乎很脆弱。不過有些蝴蝶能夠長途飛行，橫越大陸，甚至橫越海洋，距離驚人。北美洲的大樺斑蝶是飛行距離記錄保持者——一代接一代在夏季往東北橫跨美國，移動到加拿大的邊界，最後一個世代則一路飛回加州和墨西哥過冬，也就是說一隻大樺斑蝶可能要飛行4800公里。

一目了然

- **體型** 翅展約 11 公分
- **棲地** 冬季棲息在溫暖的林地；夏季棲息在荒野的草原
- **分布** 原生在北美洲及南美洲北部；也分布在澳洲和紐西蘭
- **食物** 成蟲吸食花蜜；幼蟲吃馬利筋葉片

數據有根據

12 種

種類
多數大樺斑蝶的壽命大約是一個月，不過過冬休眠的個體壽命達到八個月。

距離

往南遷徙時每天可飛行80公里

公里	10	20	30	40	50	60	70	80	90
英里		10		20		30		40		50

南遷

每年有超過3億隻大樺斑蝶進行遷徙。

卵
雌蝶可產1200顆卵。

體重
可達 **0.75** 克

跳躍冠軍
沫蟬

這隻棕色的沫蟬看起來也許一點也不起眼，但卻是自然界的冠軍運動員之一。按照體型的大小比例來說，沫蟬是世界上跳得最高的動物，跳躍時需要克服的力量大到足以殺死一個人類。沫蟬能有這樣的成就，全多虧了一組像彈弓一樣儲存能量的特殊肌肉：當能量突然釋放，沫蟬也同時高躍空中。

頭部前端有大肌肉，用來吸食植物汁液。

大型複眼讓沫蟬注意到周遭危險。

一目了然

- **體型** 6 公釐長
- **棲地** 林地、草地和花園
- **分布** 歐洲、亞洲、北美洲和紐西蘭
- **食物** 植物的汁液

植物汁液
沫蟬是真蟲的一種——用管狀的口器吸食植物汁液的昆蟲。沫蟬和多數真蟲一樣，吸食草和其他植物含有糖分的汁液。沫蟬能跑也能飛，但主要以跳躍的方式逃離危險。

數據有根據

約 2500 種 種類

沫蟬的適應力極強，世界各地不同類型的植被都有沫蟬的蹤影。

破紀錄

一跳可達70公分

公分	20	40	60	80
英寸	8	16	24	

起飛

根據計算，沫蟬的飛行速度達到每秒4公尺。

公尺/小時	2	4	6
英尺/小時	6	12	18

成蟲壽命 3-4 個月

「沫蟬加速的力量是**重力的 400 倍**。」

泡沫巢穴

雌沫蟬在植物上產卵。若蟲孵化後，和父母一樣以植物的汁液為食，但為了躲避飢餓的鳥類，若蟲會把空氣吹進身體的廢液中，製造像泡沫一樣的巢，躲在裡面進食。

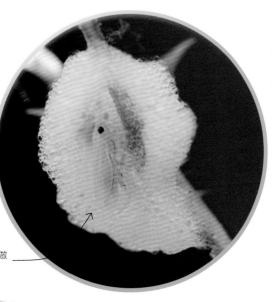

白色的泡沫又叫做「杜鵑唾液」。

不需使用時，翅膀摺疊在背上，就像屋頂一樣。

沫蟬跳向空中時，腳因為夠強壯，所以不會折斷。

跳起來

沫蟬的體內有兩條發達的大肌肉驅動後足，就像壓縮的彈簧，儲存能量，隨時準備行動。

倒數計時
當沫蟬感受到危險，便開始蹲伏，把後足固定在摺疊的姿態，繃緊驅動後足的強大肌肉。

啓動
不到一秒的時間，肌肉就蓄積了足夠的能量，把固定的後足彈開，不到一毫秒，後足就已經伸直。

起跳
突然釋放的衝力把沫蟬推送到空中。沫蟬加速時承受的力道，比起太空人進入太空時承受的 g 力，還要大了 80 倍。

飛躍的跳蚤

修長的後足突然伸直，讓跳蚤躍入超過 30 公分的空中。

體型微小，吸血為生的跳蚤通常選擇貓或其他動物當作目標，利用和沫蟬相似的方式，跳到寄主身上。跳蚤體內有像彈簧床一樣的墊子，由叫做節肢彈性蛋白的物質構成。大肌肉擠壓節肢彈性蛋白時，會把跳躍時所需的能量儲存在墊子中，直到受到觸發而釋放出來，讓跳蚤的後足向下彈開，像彈弓一樣把跳蚤送到空中。

完美的飛行控制
花虻

多數昆蟲都有兩對翅膀，不過蠅類只有一對能夠使用。儘管如此，許多蠅類在空中的身手依然矯健，其中飛行技術最高超的就是花虻。多虧了一對特殊的飛行控制器官——平衡棍，花虻能快速向前、向後，或向兩旁急衝，甚至還能在定點盤旋。

長而窄的翅膀非常適合花虻快速、靈活的飛行方式。

花虻的顏色鮮豔，有黃黑相間的條紋，看起來就像一隻小胡蜂。

飛行控制

吸食花蜜的花虻身形修長，非常適應飛行，翅膀雖然小，負責控制的導引系統卻特別厲害，讓牠能在幾秒鐘內到要去的地方，而不被風吹到偏離路線。

儘管身上有像胡蜂一樣的條紋，花虻並沒有螫針，也不會咬人，是完全無害的昆蟲。

一目了然

- **體型** 可達 18 公釐長
- **棲地** 林地、草地和花園
- **分布** 遍布世界各地，除了南極洲
- **食物** 成蟲吸食花蜜；幼蟲吃腐爛的動植物、其他昆蟲

是蜜蜂還是花虻？

許多花虻身上有條紋，看起來很像胡蜂或蜜蜂。右圖分別是蜜蜂和花虻，看起來幾乎一模一樣。這是一種擬態的形式，讓鳥類和其他捕食者在攻擊昆蟲之前有所遲疑，例如擔心獵物可能有厲害的螫針——這樣花虻就能趁機逃跑了！

蜜蜂　　　　　　花虻

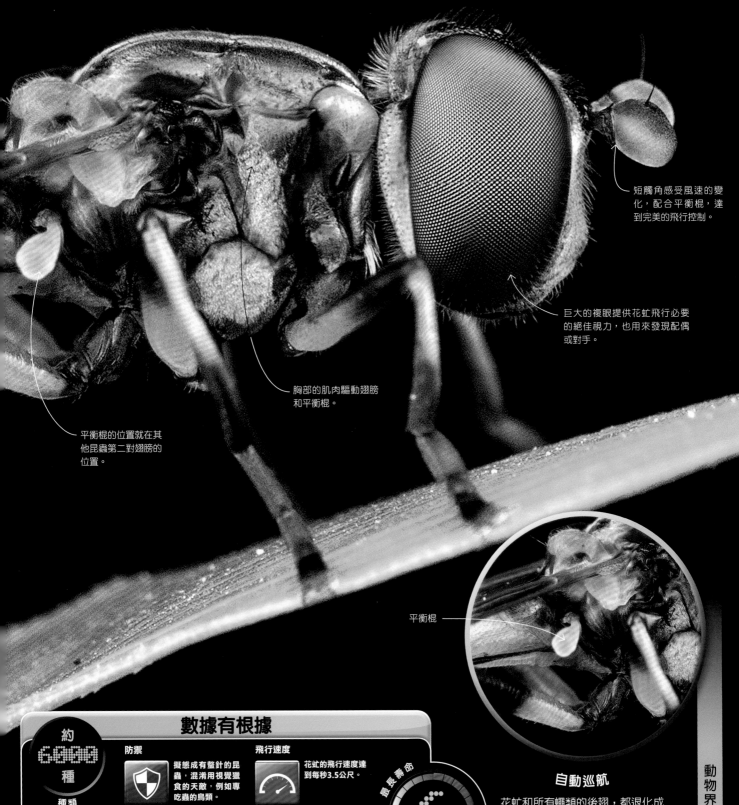

短觸角感受風速的變化，配合平衡棍，達到完美的飛行控制。

巨大的複眼提供花虻飛行必要的絕佳視力，也用來發現配偶或對手。

胸部的肌肉驅動翅膀和平衡棍。

平衡棍的位置就在其他昆蟲第二對翅膀的位置。

平衡棍

數據有根據

約 **6000** 種

種類

只要有花的地方就有花虻。

防禦

擬態成有螫針的昆蟲，混淆用視覺獵食的天敵，例如專吃蟲的鳥類。

飛行速度

花虻的飛行速度達到每秒3.5公尺。

活動時間

花虻主要在白天活動，和蜜蜂一樣，是開花植物的重要授粉者。

生長

從卵到成蟲約需25至30天。許多花虻幼蟲以植物害蟲為食。

最長壽命 **6** 週

自動巡航

花虻和所有蠅類的後翅，都退化成兩根棒狀的平衡棍。平衡棍在飛行時會快速振動，基部的受器偵測花虻是否偏離航道，並傳送訊號給控制翅膀的肌肉進行校正，就像飛機的自動導航系統一樣。

動物界的運動員

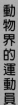

79

靈活的攻擊者
蠅虎

許多蜘蛛建造蜘蛛網來捕捉獵物，從來不需要打獵；很多其實幾乎看不見。不過，小小的蠅虎可不一樣，利用效能高的大眼睛尋找獵物，偷偷靠近，然後縱身一跳發動攻擊，就像迷你的老虎。

蠅虎跳躍的力量來自後腳——流進足部的體液使後腳伸展。

安全纜由特別堅固的絲線織成。

安全纜繩

所有的蜘蛛都會吐絲，用來織網、築巢或做成育幼袋。不過，蠅虎的絲線有其他用途，和攀岩客一樣，蠅虎只有在繫上安全纜繩的時候才會進行冒險動作——萬一出了差錯才不至於摔個粉身碎骨。

有力的前腳用來抓住獵物。

致命一跳

蠅虎是身手靈活的捕食者，有幾種不同類型的眼睛，用來偵測和鎖定獵物。一旦發現目標，例如蠅類，蠅虎會悄悄靠近，直到獵物進入攻擊範圍，再突然跳上空中，發動攻擊，利用毒牙咬死獵物。

一目了然

- **體型** 22公釐長
- **棲地** 林地、灌木叢、花園和山區
- **分布** 遍布世界各地
- **食物** 昆蟲或其他蜘蛛

舞蹈展示

蠅虎的視力非常敏銳，所以色彩和圖案對牠來說很重要——特別是求偶的時候。右圖中的蠅虎是雄性澳洲孔雀蜘蛛，在腹部上有兩塊顏色鮮豔的瓣片，會在求偶時舉起來跳舞，並揮動尖端白色的第三對腳，增加魅力。求偶舞持續長達30分鐘以上。

中間一對巨大的眼睛能夠看清楚獵物身上的細節。

另外兩隻朝向前方的眼睛則比較小，有廣闊的視野，用來追蹤移動中的獵物。

網中戰士

纓孔蛛是一種體型很小的蠅虎，在左圖中的硬幣上幾乎看不見牠，但卻是地球上膽子最大的捕食者之一，特別擅長攻擊和進食比自己要大的織網蜘蛛，輕易就能取走獵物性命。纓孔蛛偷偷溜到其他蜘蛛的網子上，拉扯絲線，引誘獵物靠近，再跳到獵物身上用力一咬。

蠅虎的身體和腳上布滿感覺毛，能夠偵測空氣流動的方向。

數據有根據

超過 5000 種

種類

雖然大部分蠅虎出沒在熱帶，但聖母峰的山坡上也住著一種蠅虎。

跳躍高度

有些蠅虎跳躍的高度是體長的30倍。

防禦

蠅虎有銳利的視覺，能夠發現危險，而且許多都有保護色。

破紀錄

喜馬拉雅蠅虎是棲地海拔最高的陸地動物。

活動時間

蠅虎主要在白天捕食。

壽命

約 12 個月

「蠅虎是最聰明的捕食者，可以從經驗中學習。」

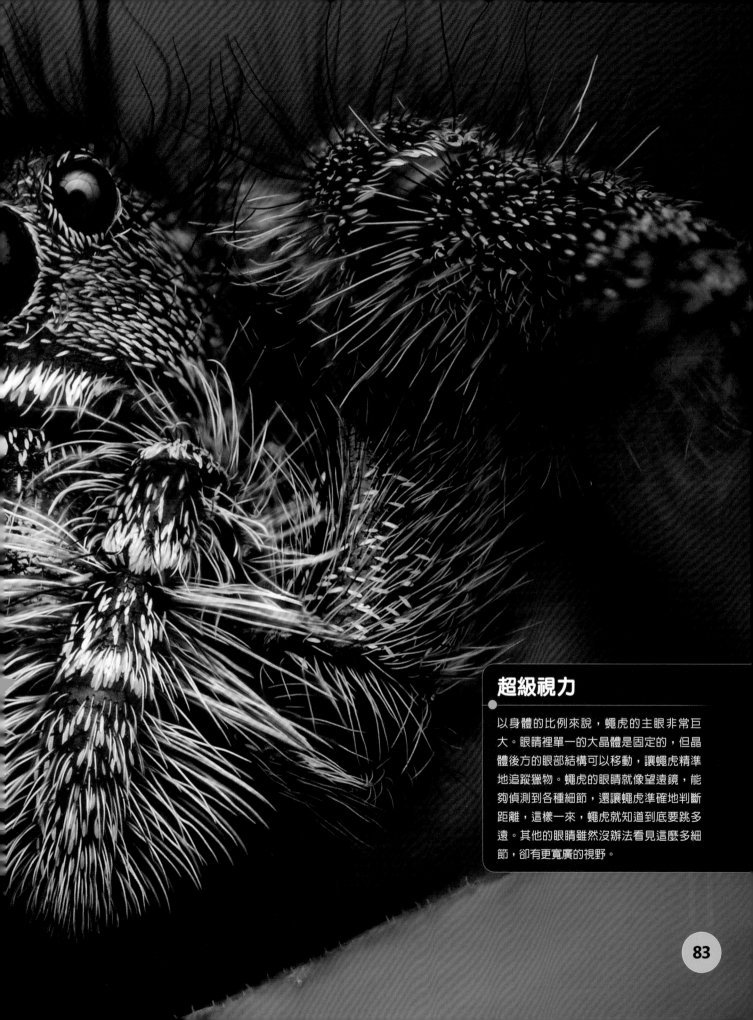

超級視力

以身體的比例來說，蠅虎的主眼非常巨大。眼睛裡單一的大晶體是固定的，但晶體後方的眼部結構可以移動，讓蠅虎精準地追蹤獵物。蠅虎的眼睛就像望遠鏡，能夠偵測到各種細節，還讓蠅虎準確地判斷距離，這樣一來，蠅虎就知道到底要跳多遠。其他的眼睛雖然沒辦法看見這麼多細節，卻有更寬廣的視野。

遙遠的距離

後黃長喙天蛾的口器很長，能夠伸進管狀的花朵，接觸到深藏在底部的花蜜，由於大多數的昆蟲都辦不到，所以這些花朵中的花蜜非常豐富，也正因為如此，長喙天蛾非常挑食，在長長的管狀花之間穿梭。

盤旋專家
後黃長喙天蛾

大部分的蛾類都在夜間出沒，不過也有在白天活動的種類，其中最引人注目的是長喙天蛾。長喙天蛾在花朵間來回穿梭，一邊盤旋一邊吸食花蜜，外表和行為都像小小的蜂鳥，甚至連振翅也會發出相似的嗡嗡聲。長喙天蛾飛得很快，所以夏季從非洲遷徙到歐洲北部和英國時，能夠跨越大海，不用停下來休息。

一目了然

- **體型** 翅展達 5 公分
- **棲地** 林地、花朵盛開的草叢和花園
- **分布** 歐洲、亞洲和北美洲
- **食物** 成蟲吸食花蜜；幼蟲吃豬殃殃草和茜草的葉片

數據有根據

約 110 種

種類

後黃長喙天蛾有許多相似的種類，大多數都棲息在東南亞地區。

卵
雌蛾可產200顆卵，每一顆都產在不同株的植物上。

振翅
後黃長喙天蛾振翅速率達每秒80次。

口器
口器長達2.8公分，是歐洲各種訪花昆蟲中的冠軍。

公分	1	2	3	4
英寸	½	1	1½	

成蟲壽命

最長達 **4** 個月

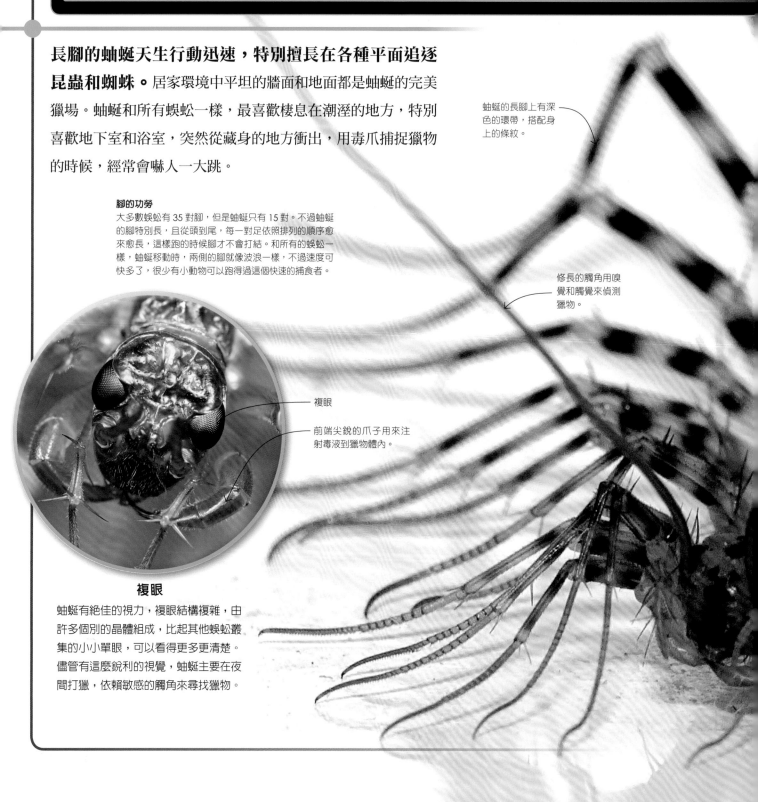

短跑高手
蚰蜒

長腳的蚰蜒天生行動迅速，特別擅長在各種平面追逐昆蟲和蜘蛛。居家環境中平坦的牆面和地面都是蚰蜒的完美獵場。蚰蜒和所有蜈蚣一樣，最喜歡棲息在潮溼的地方，特別喜歡地下室和浴室，突然從藏身的地方衝出，用毒爪捕捉獵物的時候，經常會嚇人一大跳。

蚰蜒的長腳上有深色的環帶，搭配身上的條紋。

腳的功勞
大多數蜈蚣有 35 對腳，但是蚰蜒只有 15 對。不過蚰蜒的腳特別長，且從頭到尾，每一對足依照排列的順序愈來愈長，這樣跑的時候腳才不會打結。和所有的蜈蚣一樣，蚰蜒移動時，兩側的腳就像波浪一樣，不過速度可快多了，很少有小動物可以跑得過這個快速的捕食者。

修長的觸角用嗅覺和觸覺來偵測獵物。

複眼

前端尖銳的爪子用來注射毒液到獵物體內。

複眼
蚰蜒有絕佳的視力，複眼結構複雜，由許多個別的晶體組成，比起其他蜈蚣叢集的小小單眼，可以看得更多更清楚。儘管有這麼銳利的視覺，蚰蜒主要在夜間打獵，依賴敏感的觸角來尋找獵物。

數據有根據

約

38種

種類

蚰蜒的長腳親戚棲息在世界各地的溫暖地區，多數出沒在人類家中，也有穴居的種類。

卵

雌蚰蜒平均產60顆卵　最多產150顆卵

0　20　40　60　80　100　120　140　160

活動時間

蚰蜒通常在夜間出來捕食。

速度

蚰蜒移動速度最快可達每秒40公分。

成年壽命

7年

— 蚰蜒的最後一對腳和觸角一樣長，除非蚰蜒動起來，否則很難分辨蚰蜒的頭尾。

一目了然

● **體型** 可達 10 公分長

● **棲地** 開闊地區和居家環境

● **分布** 遍布歐洲、亞洲、北美洲和南美洲多數地區

● **食物** 昆蟲和蜘蛛

天生的跑者

蚰蜒的身體分成15節，背部堅硬的體板互相連結。因此，和多數蜈蚣比較起來，蚰蜒的身體缺乏彈性，但是更適合奔跑。蚰蜒衝刺的時候，長腳可以把蚰蜒撐高，使牠的身體遠離地面。蚰蜒通常只會高速短跑，再次衝刺之前需要暫停休息。

跑得最快的蟲

閃耀的綠色

虎甲蟲在空曠的地面追逐獵物，在夏日陽光的照射下，閃爍著綠色的金屬光澤，敏感的長觸角可以偵測環境，避開各種障礙物。

節奏快速的生活
虎甲蟲

按照身體大小比例來說，虎甲蟲是地球上跑得最快的動物之一，快到能在地面上達到時速九公里，也就是說每秒的奔跑距離相當於自己體長的125倍。相較之下，陸地上最快的動物——獵豹——雖然時速有120公里，但每秒奔跑的距離只有牠體長的23倍。虎甲蟲利用這種驚人的速度追趕獵物，速度快到跑起來時，周遭景物變得模糊一片，不過虎甲蟲還是有足夠的時間停下來，看看獵物還在不在眼前。

一目了然

- **體型** 體長 12 至 15 公釐
- **棲地** 乾燥、沙質或白堊質土壤的地區
- **分布** 遍布歐洲、亞洲、北美洲和南美洲多數地區
- **食物** 昆蟲和蜘蛛

數據有根據

約 **2600** 種

種類

世界各地有許多不同種類的虎甲蟲，主要棲息在沙地。

從幼蟲到成蟲的壽命

2-3 年

破紀錄

澳洲有一種體型很小的虎甲蟲，一秒能移動2.5公尺。

公尺	1	2	3
英尺	3	6	9

防禦

快速飛行逃離危險或用力咬敵人。

活動時間

隨時準備奔跑或飛起來，在白天最熱的時間最活躍。

奪命大顎

虎甲蟲是視力最好的甲蟲,利用大而突出的複眼來鎖定目標,再追逐、捕捉獵物。虎甲蟲鋸齒狀的大顎巨大有力,能劃開獵物堅韌的盔甲,接著再用消化液淹沒獵物,軟化獵物的組織,最後,就能好好享受大餐了。

終極生存家

水熊蟲

水熊蟲可以說是微型的奇蹟，雖然是地球上最小的動物之一，卻也是最堅強的一種動物。體型比一顆鹽粒還小，棲息在長有苔蘚的潮溼環境和池塘中，進食植物汁液和微生物。如果棲地乾涸，水熊蟲還能變成脫水的狀態，活上好幾年——其他動物不可能在這樣的狀態下存活。不可思議的是，只要水熊蟲再次碰到水，幾分鐘就能重新恢復原狀，開始正常進食，好像什麼都沒發生過一樣。

乾掉的囊袋

如果水熊蟲缺乏食物和水，身體就會脫水皺縮，變成一個沒有形狀的囊袋。在這樣的狀態，水熊蟲能在極端寒冷、炙熱，或者是輻射超過正常致死量1000倍的環境中存活下來，甚至在外太空都能生存。

水熊蟲

水熊蟲有八隻短而粗的腳，身體圓滾滾的，看起來很笨重。在顯微鏡下就像一隻微型的小熊在水中的家園尋找食物，所以獲得這個稱號。水熊蟲利穿破堅硬的植物細胞壁，或刺穿微生物的身體，取食體內的汁液。

星型卵

水熊蟲是卵生生物，每一顆卵都有堅硬的外殼，形狀像爆炸的星塵。水熊蟲的卵通常兩周後就會孵化，但也可能以卵的狀態存活好幾個月。

堅硬的外殼可以保護卵不會乾掉。

水熊蟲的外皮像絨毛的外皮一樣柔軟，蟲的外皮有保護身體的作用。

粗短的觸毛可以偵測周遭的物體和空氣的流動。

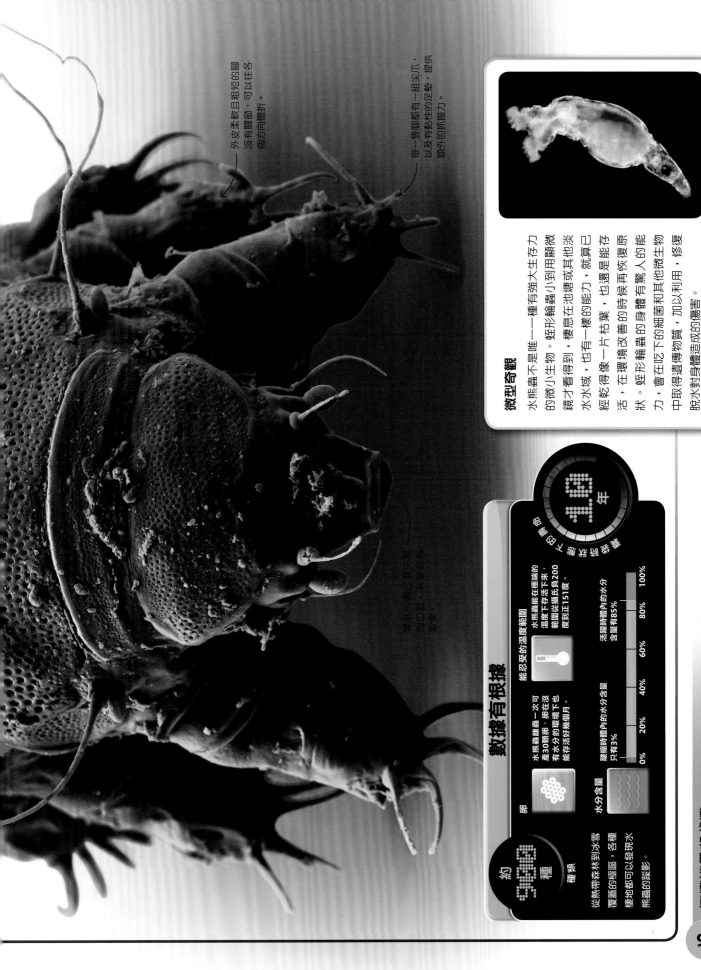

外皮柔軟且粗短的腳沒有關節，可以任意各個方向彎折。

每一隻腳都有一組尖爪，以反有黏性的足墊，提供額外的抓握力。

管狀的嘴巴有尖牙，可刺穿獵物細胞，吸取組織為食。

微型奇觀

水熊蟲不是唯一一種有強大生存力的微小生物。蛭形輪蟲小到要用顯微鏡才看得到，棲息在池塘或其他淡水水域，也有一樣的能力，就算已經乾得像一片枯葉，也還是能存活，在環境改善的時候有恢復原狀。蛭形輪蟲的身體有驚人的能力，會在吃下的細菌和其他微生物中取得遺傳物質，加以利用，修復脫水對身體造成的傷害。

數據有根據

約 900 種

種類
從熱帶雨林到冰雪覆蓋的極區，各種棲地都可以發現水熊蟲的蹤影。

150 年
刷新地球上最長壽命紀錄

能忍受的溫度範圍
水熊蟲睡能在極端的溫度下存活，範圍從攝氏負200度到正151度。

卵
水熊蟲睡蟲一次可產30顆卵，卵在沒有水分的環境下也能存活好幾個月。

水分含量
縮縮時體內的水分含量只有3%　　活躍時體內的水分含量有85%

0% 20% 40% 60% 80% 100%

出乎意料的飛行家
熊蜂

熊蜂體型碩大，渾身毛茸茸的，翅膀卻意外的小。曾經有人計算過，熊蜂的翅膀面積根本不足夠支撐牠的體重，無法讓熊蜂停留在空中。不過由於計算是根據鳥類的飛行方式，所以結論並不正確，因為蜂的飛行機制和鳥類不同。熊蜂的翅膀並不是上下揮動，而是前後揮動，因此翅膀會屈曲和旋轉，在空氣中產生渦旋，提供翅膀升力。這個機制運作得非常順利，所以熊蜂的翅膀就算和體重的比例小很多，也完全沒有問題。

一目了然

- **體型** 可達 2 公分長
- **棲地** 林地、草地和花園
- **分布** 歐洲、亞洲西部和非洲北部
- **食物** 成蟲吸食花蜜；工蜂餵食幼蟲吃花蜜和花粉

數據有根據

約 250 種
種類

除了南極洲、澳洲和非洲大部分地區，熊蜂幾乎遍布世界各地。

工蜂壽命
約 6 週

族群
熊蜂族群中約有50至400隻個體，和蜜蜂一樣，整個族群只有一隻蜂后。

地下巢穴
許多種類的熊蜂巢都在地底下的洞穴，例如鼠類的空巢。

防禦
熊蜂有螫針，除了在保護蜂巢的時候，很少使用。

振翅
熊蜂每秒振翅約200次。

「熊蜂的工蜂一生
造訪多達
20 萬朵花。」

飛行中的熊蜂
歐洲熊蜂是特技飛行員，準備尋找
花蜜時會在花朵下盤旋飛行。熊蜂
一生要尋訪成千上萬朵花，過程中
攜帶著重要的花粉，幫助花朵授
粉、結子。

勤勞的挖掘者
螻蛄有一對強壯的前腳，就像
鏟子一樣，用來挖掘。螻蛄其
他的腳都比大部分蟋蟀的腳要
短，身體幾乎是圓柱狀的，讓
牠能輕易地在地道裡穿梭。

愛奏樂的挖掘機
螻蛄

螻蛄就像一臺迷你挖土機，非常適應地道中的生活，一生都在挖掘泥土，建立地道網路，在裡面覓食、繁殖，甚至是鳴唱。春天時，雄螻蛄會挖掘特殊的地道，把自己的求偶歌聲嘹亮地傳到遠方。這個特殊的地道就像一對喇叭，還有一個共鳴的腔室，把螻蛄刺耳的求偶聲放大，變成深沉而且有穿透力的鳴聲，可以吸引到遠在2公里外的雌螻蛄！

一目了然

- **體型** 可達 5 公分長
- **棲地** 潮溼的草地和田野
- **分布** 歐洲和亞洲西部
- **食物** 樹根、昆蟲、蛆和蠕蟲為食

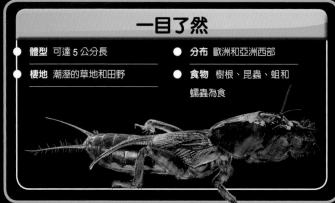

數據有根據

約 **65** 種 種類

只要有適合的潮溼草地，世界各地都能找到螻蛄。

成蟲壽命

2 年

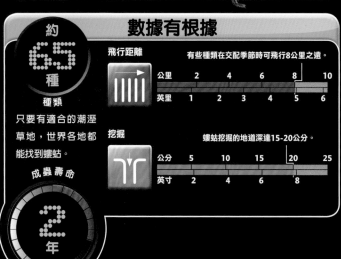

飛行距離 有些種類在交配季節時可飛行8公里之遠。

公里	2	4	6	8	10
英里	1	2	3	4	5	6

挖掘 螻蛄挖掘的地道深達15-20公分。

公分	5	10	15	20	25
英寸	2	4	6	8

短跑蜘蛛
巨型家隅蛛

對有的人來說，巨型家隅蛛是最可怕的蟲，不僅入侵人類的居家環境，還會高速地在地板上衝向住戶，把他們嚇得半死。雄蛛的腳特別長，跑起來比任何蜘蛛都快，會四處走動尋找雌蛛，而雌蛛則通常躲藏在漏斗狀的網中。

胃部的肌肉擴張又收縮，讓蜘蛛能夠吸入液體食物。

巨大的毒腺

腦

蜘蛛的八隻眼睛和其他感覺器官都和腦連接。

毒牙
強力的大顎前端有尖銳的毒牙，用來直取獵物性命。蜘蛛壓碎獵物的身體，把有消化作用的唾液注入獵物，直到獵物的柔軟組織變成可以吸食的液體。

粗大神經連接到腦，控制蜘蛛的八隻腳。

部分的消化系統延伸到腳的上半段。

數據有根據

約 1200 種

種類
這類快速奔跑的家隅蛛分布在世界各地，許多棲息在人類的居家環境中，也有的種類棲息在草地和灌木叢。

卵
雌蛛產下大約60-100顆卵，但只有2%的卵在孵化後活到成年。

蜘蛛網
這種蜘蛛會在房間的角落織出片狀的網，等待獵物自己送上門。

交配
交配之後，雌蛛有時會吃掉雄蛛。

速度
巨型家隅蛛行動迅速，可達到每小時1.9公里。

壽命 約 1 年

「這種嚇人的居家怪物是跑得最快的八腳動物。」

強壯的心臟替血液加注壓力，把血液輸送到足部。

腳上的爪

每隻腳的前端都有爪子，讓蜘蛛可以在蜘蛛網上行走而不被纏住。腳上的感覺毛能夠偵測由附近獵物引起的震動和氣流活動。

腸道負責消化變成液體的食物，吸收其中的養分。

蜘蛛的書肺吸收空氣中的氧氣，排出體內廢棄的二氧化碳。

吐絲口

蜘蛛的吐絲口在腹部的末端，絲線從吐絲口的多個噴嘴中吐出。噴嘴的大小可以改變，控制絲線的粗細、強度和質地。

絲腺產生蜘蛛織網用的絲線。

身體構造

巨型家隅蛛有蜘蛛家族最大族群的典型特徵——一對像鉗子一樣可以互夾的毒牙。頭部和胸部融合在一起，叫做頭胸部，連接毒牙和八隻腳；心臟和腸道則在腹部。

雌性巨型家隅蛛的卵巢負責產生卵。

動物界的運動員

99

絲線編織的巢

有許多蜘蛛居住在漏斗型的蜘蛛網中，巨型家隅蛛就是其中一種。漏斗型的網由濃密柔軟的絲線織出，狹窄的開口連接一片寬廣的絲網，是捕捉獵物的陷阱。昆蟲在上面掙扎時，振動沿著絲線傳遞到巢穴，蜘蛛收到提醒，就會衝出去抓住獵物，用絲線把牠團團纏繞，再給予致命的一咬。

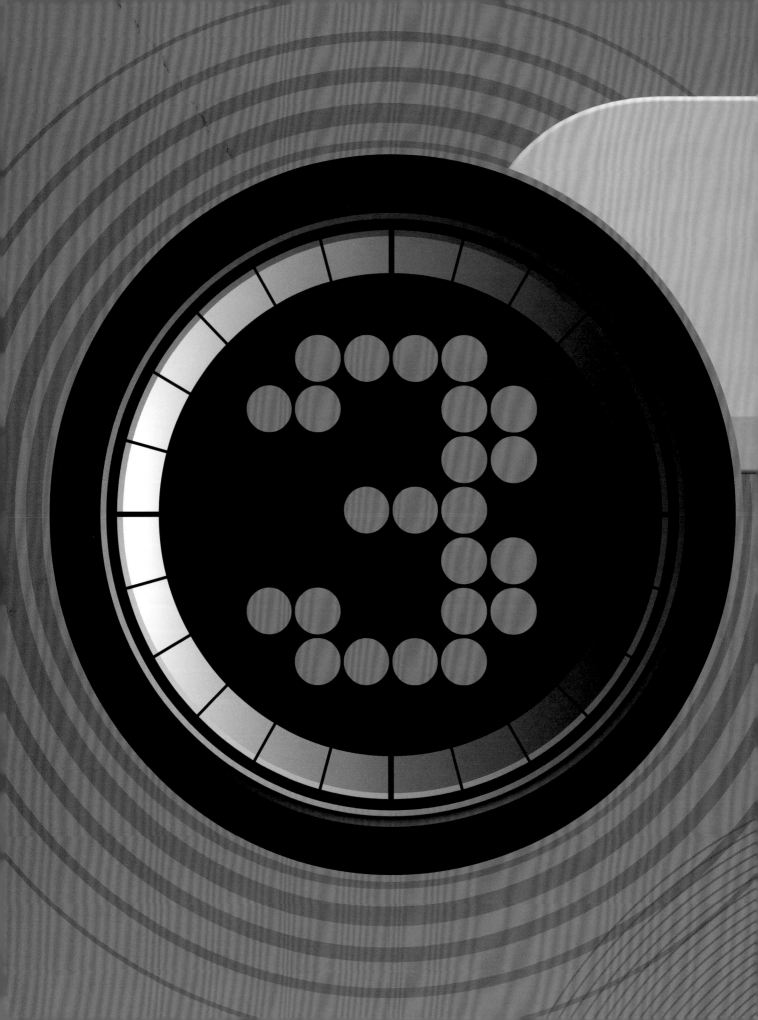

可怕的捕食者

地球上有些最特殊的捕食者在林下植物中出沒。蜘蛛、蠍子和獵蝽都有致命的武器，用來獵捕、殺害獵物；其他的捕食者則喜歡吃活生生的獵物。

完美的陷阱
撒網蜘蛛

許多蜘蛛都用絲線設陷阱來捕捉獵物，不過很少有蜘蛛有撒網蜘蛛這麼聰明。這種在夜間捕食的蜘蛛就像小型的貓頭鷹，巨大的主眼可以在黑暗中發現獵物的蹤跡。撒網蜘蛛懸掛在靠近地面的簡單蜘蛛網上，四隻前腳抓著一張小網，小網的絲線延展性極佳。當攻擊範圍內出現昆蟲，撒網蜘蛛會靜靜觀察、等待，接著突然把腳伸長，拉開小網。只要昆蟲一碰觸到小網，蜘蛛就會讓有彈性的絲線縮回，捉住獵物，整個過程不到一秒。

一目了然

- **體型** 可達 2.5 公分長
- **棲地** 森林、灌木叢和花園
- **分布** 澳洲
- **食物** 在地面出沒的昆蟲和蜘蛛

數據有根據

約 48 種 種類

世界各處的熱帶、亞熱帶地區都有撒網蜘蛛出沒。

雌蛛壽命

1 年

眼睛
撒網蜘蛛因為有一雙大眼，所以也叫鬼面蜘蛛。

視覺
撒網蜘蛛眼睛的受器細胞，比在白天捕食的蜘蛛敏銳200倍。

防禦
枝條狀的身體讓撒網蜘蛛隱身在環境之中。

卵
雌蛛一生大約產下100到200顆卵。

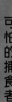

張開的大網

撒網蜘蛛的網可以伸展到正常大小的10倍，絲線的質地就像羊毛。獵物一旦受困在網中，絕對逃不掉蜘蛛的毒咬。

黏液射手

櫛蠶

昆蟲、蜘蛛，以及其他有堅硬的外骨骼的蟲，
都是從一群古老的的動物演化而來。這些動物都有靈活
的足部，有的在潮溼、溫暖的森林中興盛繁衍，其中一
種就是——櫛蠶。櫛蠶很像身體柔軟的蜈蚣，是夜間出
沒的捕食者，到處爬行尋找昆蟲和蠕蟲，用滿是黏液的
套索捕捉獵物。

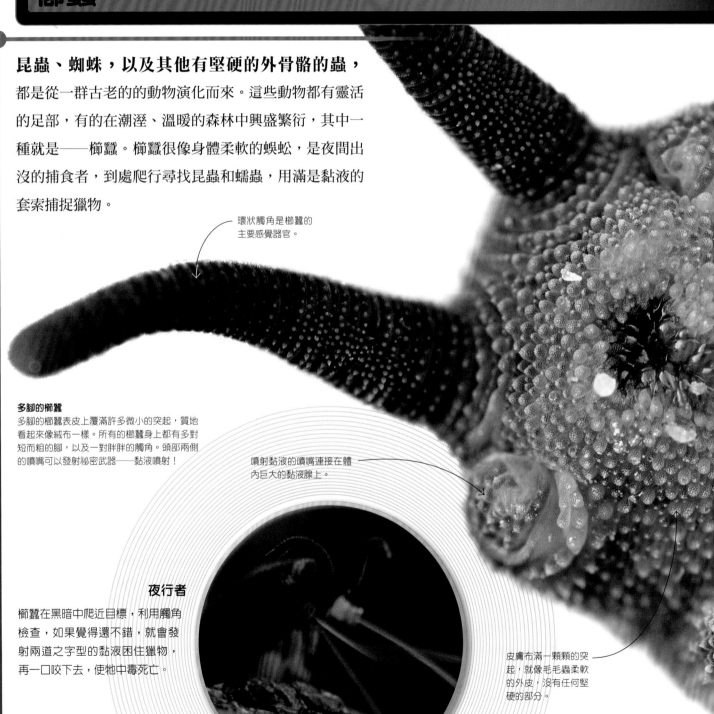

環狀觸角是櫛蠶的
主要感覺器官。

多腳的櫛蠶
多腳的櫛蠶表皮上覆滿許多微小的突起，質地
看起來像絨布一樣。所有的櫛蠶身上都有多對
短而粗的腳，以及一對胖胖的觸角。頭部兩側
的噴嘴可以發射祕密武器——黏液噴射！

噴射黏液的噴嘴連接在體
內巨大的黏液腺上。

夜行者
櫛蠶在黑暗中爬近目標，利用觸角
檢查，如果覺得還不錯，就會發
射兩道之字型的黏液困住獵物，
再一口咬下去，使牠中毒死亡。

皮膚布滿一顆顆的突
起，就像毛毛蟲柔軟
的外皮，沒有任何堅
硬的部分。

「櫛蠶已經**存在** 5 億 7000 萬年。」

增加抓力

櫛蠶的腳柔軟又靈活,細小的肌肉讓腳能夠朝各個方向彎曲,也可以一對對移動。每隻腳的前端都有一對可縮回的爪子,遇到粗糙的表面時,可以增加抓地力。

爪子由堅硬的幾丁質構成——也就是組成昆蟲外骨骼的物質。

一目了然

- **體型** 可達 28 公分長
- **棲地** 潮溼的地方,主要出沒在森林中
- **分布** 中美洲及南美洲,非洲中、南部,東南亞,澳洲及紐西蘭
- **食物** 地面上的蠕蟲、昆蟲和蜘蛛

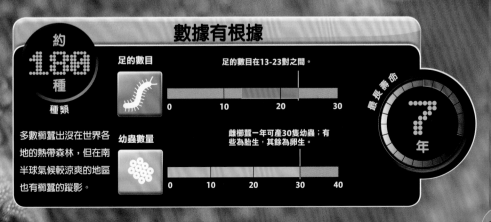

數據有根據

約 1.80 種 種類

多數櫛蠶出沒在世界各地的熱帶森林,但在南半球氣候較涼爽的地區也有櫛蠶的蹤影。

足的數目　　足的數目在13-23對之間。

0　　10　　20　　30

幼蟲數量　　雌櫛蠶一年可產30隻幼蟲;有些為胎生,其餘為卵生。

0　　10　　20　　30　　40

最長壽命

7 年

終極突襲
食蟲虻抓到一隻白尾蜻蜓——白尾蜻蜓本身就是凶猛的捕食者，飛行速度很快。食蟲虻在獵物的全身盔甲中找出弱點，注入有消化功能的毒液。

昆蟲刺客
食蟲虻

說到蠅類這種小型昆蟲，大部分都是吃花蜜等含有糖的汁液，不過食蟲虻可是狠惡的強大捕食者，利用巨大的複眼鎖定目標，並在空中對獵物發動突襲。食蟲虻非常兇猛，用長滿硬毛的腳抓住獵物，再用尖銳的長口器把有毒的唾液注射到獵物體內，使牠癱瘓。猛烈的攻擊結束後，唾液內的消化酵素把獵物體內的軟組織變成液體，讓食蟲虻吸食美味的大餐。

一目了然

- **體型** 可達 5 公分長
- **棲地** 喜歡空曠、炎熱甚至乾燥的地區
- **分布** 世界各地
- **食物** 其他昆蟲

數據有根據

約 **7000** 種

種類
食蟲虻是日行性的昆蟲，夜晚則休息，通常在獵物出沒的地方附近活動。

獵物大小　　　　　　　　可殺死長達7.5公分的獵物

公分	2	4	6	8
英寸	1	2	3	

進食時間　　　食蟲虻平均花30分鐘進食一隻獵物。

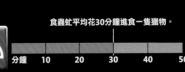

分鐘	10	20	30	40	50

成蟲壽命
可達 **3** 個月

可怕的捕食者

109

偉大的
工程

黏黏的螺旋陷阱
金蛛

所有的蜘蛛都捕食獵物，但是許多蜘蛛不打獵，而是利用絲線編織精巧的陷阱，等待昆蟲和其他獵物自動送上門。說到最壯觀的蜘蛛網，不能不提到園蛛和橫紋金蛛的網：用有黏性的絲線編織而成，呈驚人的螺旋狀，連接到放射狀的線上，懸掛在植物和灌木叢之間。蜘蛛在網上行動自如，但是其他昆蟲就會被困住，並在掙扎時引起振動，蜘蛛就會衝出來用絲線纏繞獵物，再用毒牙咬死。

一目了然

- **體型** 17 公釐長
- **棲地** 濃密草原和山坡
- **分布** 歐洲、亞洲和非洲北部
- **食物** 蚱蜢、蠅類、蝴蝶等昆蟲

數據有根據

約 3000 種

種類

世界各地都有金蛛的蹤影。金蛛是所有蜘蛛種類中數量第三多的族群。

雌蛛壽命

約 1 年

破紀錄

金蛛織的蜘蛛網是蜘蛛中最大的，有6公尺高，2公尺寬。

強度

在相同的重量下，蜘蛛絲的強度是鋼鐵的五倍。

織網時間

金蛛平均用60分鐘織網，每天需要修補網子兩到三次。

小蜘蛛

幼蛛浮在絲線上分散開來，打造自己的蜘蛛網。

打包帶走

橫紋金蛛引人注目，身上有相間的黃黑條紋，通常在長長的草堆中織網，用來誘捕棲息在那裡蝗蟲和蟋蟀。圖中的橫紋金蛛正從腹部末端的吐絲口噴出絲線，把獵物好好纏繞裹住。

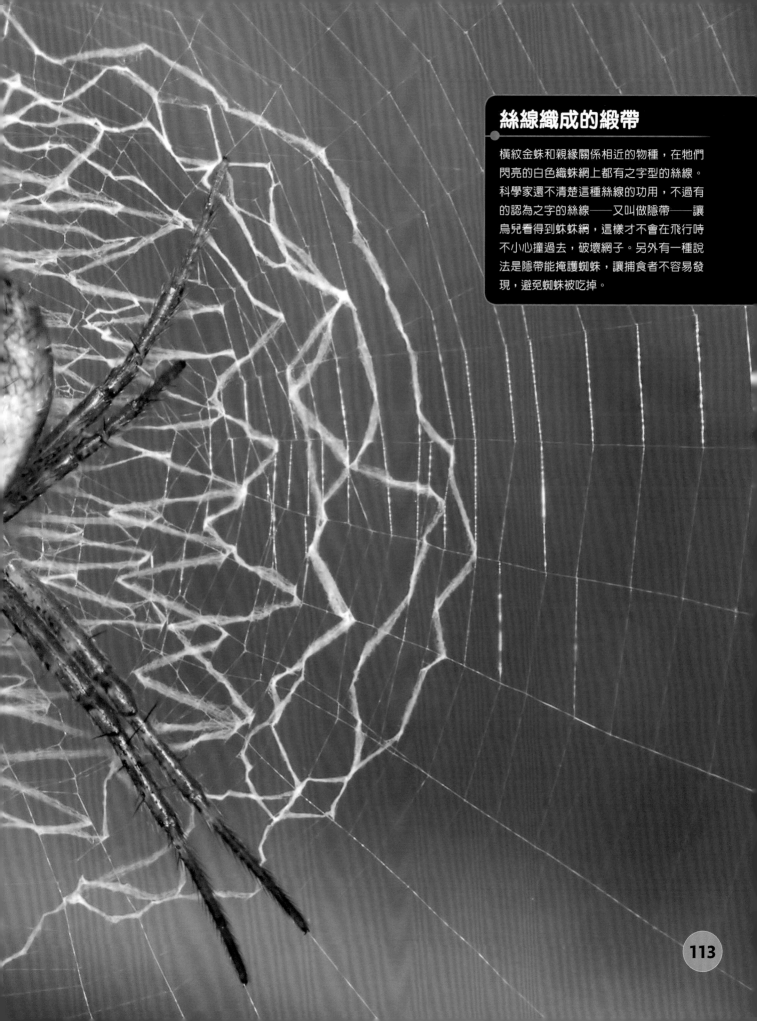

絲線織成的緞帶

橫紋金蛛和親緣關係相近的物種，在牠們
閃亮的白色織蛛網上都有之字型的絲線。
科學家還不清楚這種絲線的功用，不過有
的認為之字的絲線——又叫做隱帶——讓
鳥兒看得到蛛蛛網，這樣才不會在飛行時
不小心撞過去，破壞網子。另外有一種說
法是隱帶能掩護蜘蛛，讓捕食者不容易發
現，避免蜘蛛被吃掉。

偽裝殺手

蘭花螳螂

亞洲熱帶森林中綻放著美麗的蘭花，卻也藏著致命的祕密——躲在蘭花中的蘭花螳螂。蘭花螳螂有淡粉色和白色的美麗外表，利用腳上的片狀構造偽裝成花瓣，動也不動地等待時機，對覓食或尋找花蜜的獵物發動突襲。只要獵物出現在攻擊範圍內，蘭花螳螂就會用長滿刺的前腳向上前捕捉，並活生生地吃掉獵物。

致命陷阱

蘭花螳螂和螳螂有很近的親緣關係，前腳部一樣強壯有力，而且長滿了刺，是捕捉獵物的自動陷阱。螳螂可以突然伸出前腳、瞬間夾住獵物，讓獵物完全沒有逃脫的機會。

「螳螂通常
會先吃獵物
的頭。」

數據有根據

種類
約 2,3000 種

蘭花螳螂是高捕食性昆蟲。高捕食性昆蟲的家族成員眾多，分布在世界各地的溫暖氣候區。

卵
一個螵蛸內，雌蟲可產下400顆卵。

視野
蘭花螳螂的頭部可以360度轉動。

攻擊速度
蘭花螳螂發動攻擊的速度不到100毫秒。

防禦
有些蘭花螳螂會展現威武的樣子嚇跑敵人。

巨大複眼具備銳利的視覺，讓蘭花螳螂尋找獵物。

蘭花螳螂折起前腳，準備隨時發動攻擊。

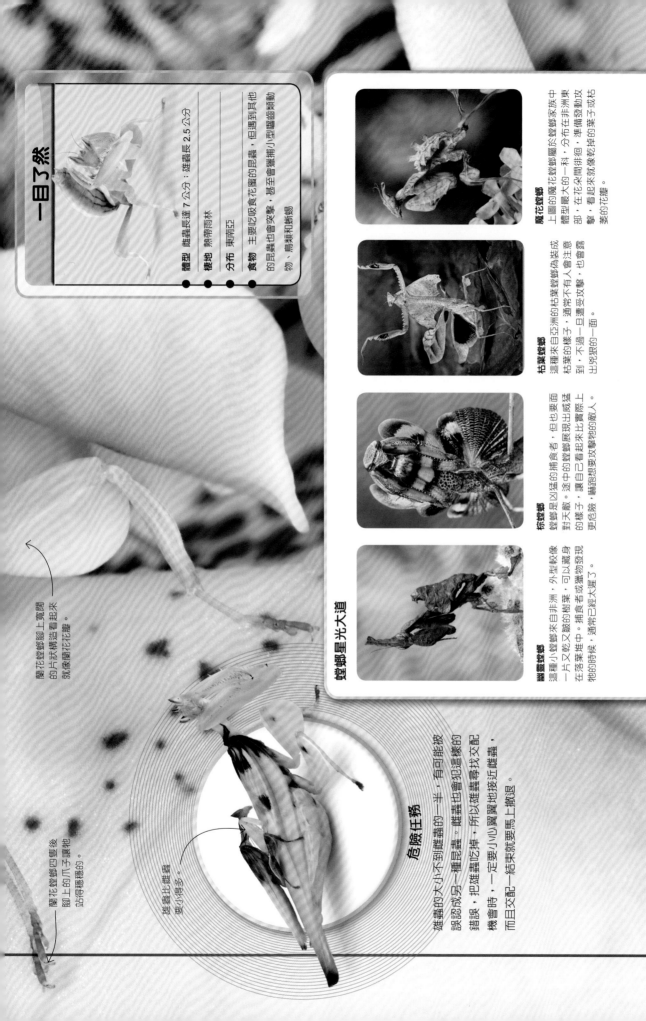

螳螂星光大道

魔花螳螂
上圖的魔花螳螂屬於螳螂家族中體型最大的一科，分布在非洲東部。在花朵間徘徊，準備發動攻擊，看起來就像乾枯的葉子或枯萎的花瓣。

枯葉螳螂
這種來自亞洲的枯葉螳螂為了裝成枯葉的樣子，通常不有人會注意到，不過一旦遭受攻擊，也會露出兇狠的一面。

棕螳螂
螳螂是凶猛的捕食者，但也要面對天敵。途中的螳螂展現出威猛的樣子，讓自己看起來比實際上更危險，嚇跑想要攻擊他的敵人。

幽靈螳螂
這種小螳螂來自非洲，外型較像一片又乾又皺的樹葉，可以藏身在落葉堆中。捕食者或獵物發現他的時候，通常已經太遲了。

一目了然

體型	雌蟲長達 7 公分；雄蟲長 2.5 公分
棲地	熱帶雨林
分布	東南亞
食物	主要吃食花蜜的昆蟲，但遇到其他的昆蟲也會獵捕小型蜥蜴等動物，鳥類和蜥蜴

蘭花螳螂腳上寬闊的片狀構造看起來就像蘭花花瓣。

蘭花螳螂四隻後腳上的爪子讓他站得穩穩的。

危險任務

雄蟲的大小不到雌蟲的一半，有可能被誤認成另一種昆蟲。雌蟲也會犯這樣的錯誤，把雄蟲吃掉，所以雄蟲等找交配機會時，一定要小心翼翼地接近雌蟲，而且交配一結束就要馬上撤退。

雄蟲比雌蟲要小得多。

可怕的捕食者

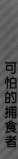

狡猾的捕食者

食蜂獵蝽

食蜂獵蝽名實相副，棲息在花朵上，等待尋找花蜜和花粉的蜜蜂接近。蜜蜂很少注意到這個埋伏在附近的敵人，於是獵蝽就會伸出強壯的前腳一把抓住蜜蜂，在牠身上的外殼尋找弱點，再用彎曲、中空的口器刺進蜜蜂體內，注入破壞組織的致命唾液，把內臟消化成泥狀，最後像喝湯一樣吸食大餐。

一目了然

- 體型 3 公分長
- 棲地 有開花植物的乾燥地區
- 分布 美國北部，到南阿根廷
- 食物 蜜蜂和其他吸食花蜜的昆蟲

數據有根據

約
118
種

種類

獵蝽分布在世界各地，但食蜂獵蝽只棲息在美洲。

壽命

3
個月

進食時間

食蜂獵蝽大約要60分鐘才能吃完一頓大餐。

| 10 | 20 | 30 | 40 | 50 | 60 | 70 |

分鐘

活動時間

食蜂獵蝽是日行性捕食者雖然行動緩慢，但飛行技術一流。

武器

前足有黏性，用來捕捉獵物，也有致命的有毒唾液。

致命突擊

致命的相遇

獵蝽把有毒的唾液注入到獵物體內，使獵物癱瘓。這隻身上沾滿花粉的蜜蜂很快就會被吸乾。獵蝽享用完大餐後，就會把變成空殼的獵物屍體丟到一旁，準備突襲下一個獵物。

突襲
這隻北美蠍蟋已經抓到獵物，準備用毒牙進行攻擊，後腳牢牢地抓住地道的土壤，把獵物拖進藏身的巢穴。

地下威脅
螿蟷

這種結實的蜘蛛有捕捉獵物的妙招。螿蟷居住在
襯滿絲線的地道中，並用土壤和絲線在地道口做了一道
可以開關的門——關起來的時候有泥土偽裝，根本看不
出來是門，保護螿蟷不被捕食者發現。夜晚來臨，螿蟷
稍稍把門打開，靜靜地等待，兩對前腳伸出地道外準備
行動，連獵物最輕微的動靜都能偵測得到。有些螿蟷甚
至會在地道周圍設下絆線，走進絆線的小動物要逃出魔
掌，還真要靠點運氣才行呢！

一目了然

- **體型** 2.5 公分長
- **棲地** 主要棲息在空闊地區，常出沒在有
坡度的河岸
- **分布** 北美洲南部
- **食物** 昆蟲、其他蜘蛛、蛙類、小型蜥蜴
和老鼠

數據有根據

約 128 種

種類

螿蟷分布在世界各地
氣候溫暖的地區。多
數螿蟷一輩子都待在
同一個地道裡。

地道

鋪滿絲線的地道深達30公分。

公分	10	20	30
英寸	4	8	12

速度

螿蟷攻擊獵物
約只需要0.3
秒。

幼蛛

每一隻幼蛛都會打
造自己的地道，隨
著體型長愈大，
地道也會愈挖愈
寬。

壽命

約 5 年

致命的入侵者

姬蜂

吸食花蜜的姬蜂看起來既脆弱又無害，不過牠的幼蟲非常致命。雌蜂準備產卵時，會利用敏感的觸角深入朽木中搜尋，找出其他鑽木昆蟲的幼蟲，再用產卵管鑽洞，直通到這些幼蟲棲息的地道，並在裡面產卵。姬蜂的幼蟲孵化後，直接攻擊其他昆蟲的幼蟲，把牠們活生生地一點一點吃掉。當獵物終於死去，殺手級的姬蜂幼蟲也準備離開了。

強力鑽孔

姬蜂的產卵管直徑不比一根頭髮粗，卻可以鑽透堅固的木材。姬蜂的產卵管非常驚人，前端尖銳並可以旋轉，而且含有微量金屬，所以比較硬，讓姬蜂可以輕鬆鑽透堅韌的木材纖維。

一目了然

- **體型** 5公分長，另外加上修長的產卵管
- **棲地** 主要在森林地區
- **分布** 世界各地
- **食物** 成蟲主要吸食花蜜或植物汁液；幼蟲則吃其他昆蟲的幼蟲為食

數據有根據

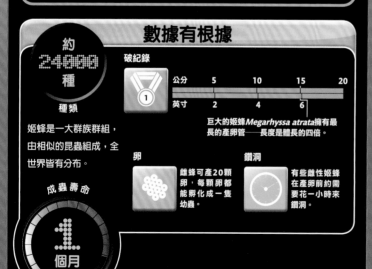

約 24000 種

種類

姬蜂是一大群族群組，由相似的昆蟲組成，全世界皆有分布。

破紀錄

公分	5	10	15	20
英寸	2	4	6	

巨大的姬蜂 *Megarhyssa atrata* 擁有最長的產卵管——長度是體長的四倍。

卵

雌蜂可產20顆卵，每顆卵都能孵化成一隻幼蟲。

鑽洞

有些雌性姬蜂在產卵前約需要花一小時來鑽洞。

成蟲壽命

1 個月

致命的擁抱
花蟹蛛

對吃花蜜的昆蟲來說，例如蜜蜂和花虻，每一次訪花都可能是牠的最後一次，因為鮮豔的花瓣裡可能埋伏了殺手——花蟹蛛。花蟹蛛是體型微小的捕食者，總是偽裝得很好，伸出修長的前腳靜靜等待，準備一把捉住獵物，再用毒牙注射毒液。在黃色的花朵上，獵物幾乎看不見花蟹蛛；如果移動到白色的花朵上，花蟹蛛也會逐漸改變體色配合環境。花蟹蛛總是動也不動，出奇不意地抓住獵物。

一目了然

- **體型** 1公分長
- **棲地** 主要在黃色或白色的花朵上
- **分布** 歐洲和北美洲
- **食物** 吸食花蜜的昆蟲

數據有根據

約 42 種

種類

世界各地都可以找到不同種類的花蟹蛛。

獵物大小

花蟹蛛會捕捉長達2公分的獵物，例如蜜蜂。

防禦

除了利用偽裝，還會躲在花朵下方，用絲線把自己懸吊起來。

改變體色

從白色變成黃色，大約要10至25天；變成白色則大概約要六天。

卵

雌蛛一生只產一窩卵。

壽命

1 年

液體午餐

花蟹蛛的毒牙刺入花虻頭中，不到幾秒就取了花虻性命。花蟹蛛注入的毒液可以液化花虻體內柔軟的組織，讓牠享受一頓美味的午餐湯汁。

無懼的 獵人

無助的獵物

蛛蜂的毒液癱瘓了狼蛛，狼蛛完全束
手無策，只能任由蛛蜂拖回養育幼蟲
的地道中。蛛蜂會在動彈不得的狼蛛
身上產下一顆卵，然後待在地道裡，
直到準備再次尋找下個受害者。

誘捕狼蛛

蛛蜂

很少有昆蟲想要跟狼蛛交手，不過這隻體型巨大的蛛蜂卻會自己找上門。和許多胡蜂一樣，蛛蜂會在癱瘓的獵物體內產卵，而獵物則是毛茸茸的大蜘蛛。蛛蜂的幼蟲孵化後，就會活生生地吃掉蜘蛛。不過，雌蛛蜂首先得想辦法引誘狼蛛離開巢穴。狼蛛有巨大的毒牙，但在抬起上身準備攻擊時，蛛蜂會趁機用尾部的螫針攻擊狼蛛的腹面。不到幾秒，無助的狼蛛就成為了蛛蜂的戰利品。

一目了然

- **體型** 7 公分長
- **棲地** 主要在沙漠和乾草地
- **分布** 美國南部至南美洲
- **食物** 成蟲吸食花蜜；幼蟲吃癱瘓的蜘蛛

數據有根據

約 18 種

種類

世界各地都有蛛蜂的身影，不過專門吃狼蛛的蛛蜂只出現在美洲。

成蟲壽命

2~4 個月

獵物大小

長達10公分

公分		5		10		15
英寸		2		4		6

防禦

蛛蜂鮮豔的顏色是一種警告，像是在宣示牠有厲害的螫針。

幼蟲生長

幼蟲進食狼蛛的時間有37天，接著變成蛹過冬。

全方位視野
帝王晏蜓

體型大、飛行速度快，而且顏色鮮豔——帝王偉蜓是最耀眼的飛行昆蟲之一，屬於晏蜓科。晏蜓總是巡邏領土，在空中尋找獵物，可以向前衝、盤旋，甚至還能後退和側飛，利用特殊適應構造的腳來捕捉獵物，一邊飛行一邊進食，利用強壯的鋸齒狀大顎把獵物咬爛。

一目了然

- **體型** 約 7.8 公分長
- **棲地** 池塘、湖泊、河流、沼澤的上方和附近
- **分布** 廣泛分布在歐洲、亞洲西部和非洲北部
- **食物** 成蟲以飛行昆蟲為食；幼蟲吃水生動物

超級視覺
蜻蜓有巨大複眼，並依賴視覺來捕食。每隻複眼至少有3萬個晶體——是家蠅複眼的五倍，提供蜻蜓非常銳利的視覺來偵測獵物，用致命的精準度鎖定目標。

巨大的複眼幾乎覆蓋整個頭部，提供全方位的視野來尋找獵物。

數據有根據

約 3000 種
種類

蜻蜓分布在世界各地，除了大型的晏蜓之外，也有體型較小，專在棲地捕食的種類。

幼蟲

幼蟲在水中生活兩年，捕食其他昆蟲、蝌蚪，甚至小魚。

彩色視覺

蜻蜓看到的顏色可能比人類還要多。

鎖定目標
蜻蜓是全世界最有效率的捕食者，捕捉獵物的成功率超過95%。

速度
體型較大的蜻蜓飛行速度達到每小時54公里。

成蟲壽命
最長達 8 週

比起觸覺或嗅覺，蜻蜓更依賴視覺，所以觸角很短。

複眼

所有昆蟲成蟲的複眼都由數千個圓錐狀的單元構成，每一個單元都有各自的晶體，負責把光線聚焦在叢生的感覺細胞上。每個晶體只能偵測一個點的色彩，但所有色點組合起來就是完整的影像。

晶體負責聚焦光線

對光敏感的視網膜細胞

色素細胞分離出一個個單元

蜻蜓複眼由排列成蜂巢狀的圓錐形單元組成。

「昆蟲沒有眼瞼，所以利用前腳來清潔眼睛。」

把點連起來

昆蟲眼中看到的影像由無數個色點組合而成，看起來就由像素組成的數位照片。色點的數量愈多愈好，蜻蜓看到的色點數量又是昆蟲中最多的，所以有最好的視力──只不過我們永遠不知道蜻蜓眼中的世界到底是怎樣的。

布滿硬毛的腳可以用來捕捉獵物和抓住棲枝。

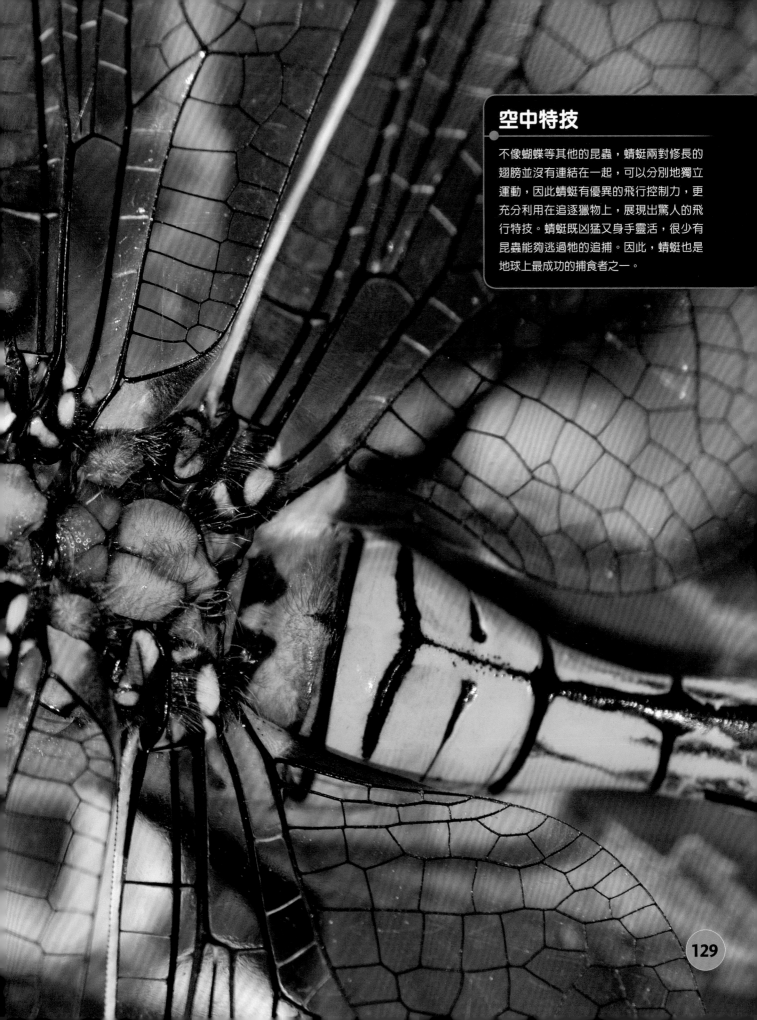

空中特技

不像蝴蝶等其他的昆蟲，蜻蜓兩對修長的翅膀並沒有連結在一起，可以分別地獨立運動，因此蜻蜓有優異的飛行控制力，更充分利用在追逐獵物上，展現出驚人的飛行特技。蜻蜓既凶猛又身手靈活，很少有昆蟲能夠逃過牠的追捕。因此，蜻蜓也是地球上最成功的捕食者之一。

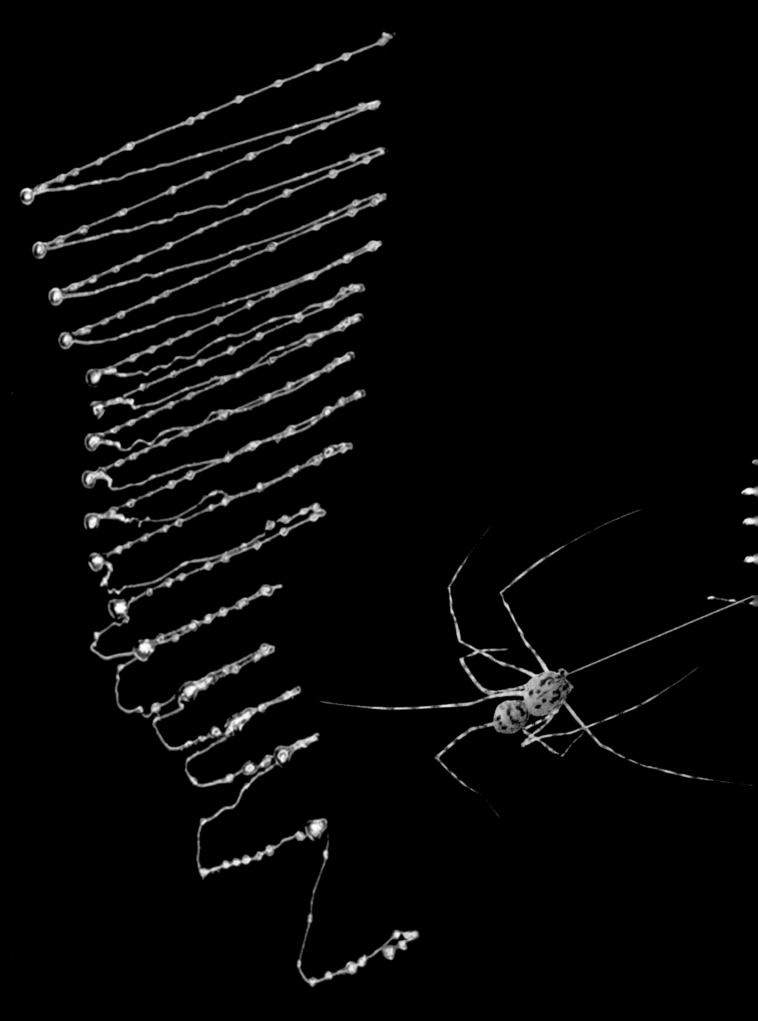

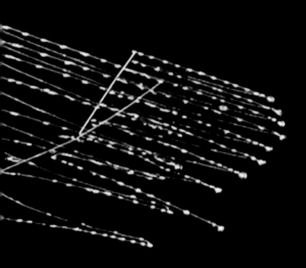

藏毒陷阱
花皮蛛

花皮蛛的體型非常小，除了小型蠅類，看起來對其他動物毫無威脅性。不過，花皮蛛有一項祕密武器，在高突的半圓形頭部中藏了一對放大的腺體，可產生混合黏性物質的毒液，就像液體的絲線，一旦發現獵物，就會把致命的混合液從毒牙擠出來，並迅速地從一端擺到另一端，在空中形成之字型的毒膠絲線，不到幾秒鐘，這張毒網已經牢牢困住獵物，讓花皮蛛給牠最後的致命一咬。

一目了然

- **體型** 6 公釐長
- **棲地** 森林，在氣候涼爽的地區也會出現在居家中
- **分布** 世界各地皆有分布
- **食物** 昆蟲和蜘蛛

數據有根據

約 158 種

種類
花皮蛛以1/700秒的速度織出毒網。

活動時間
花皮蛛主要在夜間捕食，透過感覺氣流變化來偵測獵物。

速度
花皮蛛噴出的致命毒液，速度可高達每秒28公尺。

視覺
大多數蜘蛛都有八隻眼睛，但花皮蛛只有六隻眼睛。

卵
雌蛛一生可產20-35個繭狀的卵袋，每個卵袋內最多有100顆卵。

最長壽命

3 年

貪婪的捕食者
具緣龍蝨

具緣龍蝨是凶猛的捕食者，非常適應在水下游泳，以各種水生生物為食。長長的後足邊緣長滿細毛，作用就像槳一樣，推動龍蝨流線型的身體在水中前進。龍蝨的翅鞘下方攜帶了維生必需的氣泡。

夜間飛行

雖然龍蝨的一生幾乎都在水下度過，卻有優異的飛行能力。龍蝨通常會在晚上飛行，透過觀察水面上反射的月光，尋找棲身的新池塘，不過有時候也會不小心降落在汽車閃閃發光的車頂上！

修長的觸角負責偵測水中獵物的動靜和氣味。

收集空氣

龍蝨和所有昆蟲成蟲一樣，需要呼吸空氣，不管到哪裡，都自己攜帶空氣。龍蝨會游到水面收集空氣，把尾部舉出水面，把空氣趕到翅鞘下方，足夠使用好幾分鐘。

強壯的大顎和外骨骼一樣，由堅韌的幾丁質構成。

觸鬚具備觸覺和味覺，可以品味食物。

一雙大複眼讓龍蝨在水下也能看得清晰。

尖刺幫助龍蝨緊緊牢牢抓緊滑溜溜的獵物。

數據有根據

約 **25** 種

種類

歐洲、亞洲、非洲北部、北美洲及中美洲的淡水域中都有親緣關係相近的龍蝨分布。

幼蟲壽命

幼蟲的發育期大約是35至40天，共蛻皮三次。

0　10　20　30　40　50

咬合力道

龍蝨的顎很強壯，幾乎可以咬穿任何獵物。

取食時間

幼蟲大約需要一小時把獵物吸乾。

成蟲壽命

3 年

修長的後腳提供龍蝨
游泳時大部分的動力。

雌蟲的翅鞘上有脊
突，雄蟲的翅鞘表
面光滑，就像圖中
這隻龍蝨。

空氣儲存在
翅鞘下方。

腳上有堅硬的細毛，作
用就像槳面，幫助龍蝨
在水中推進。

「龍蝨背部散發出
難聞的液體，讓
敵人不敢靠近。」

突擊型殺手

龍蝨的幼蟲在水中生活，凶猛程度跟成蟲不
相上下，埋伏在植被中，或者懸掛在植被下
方，利用長而彎曲的毒牙突擊獵物，把消化
性的毒液注入到獵物體內，再把獵物吸乾。
龍蝨的幼蟲甚至會自相殘殺。

一目了然

● **體型** 成蟲 3.5 公分長；幼蟲 6 公分長

● **棲地** 淡水池塘、湖泊和溪流

● **分布** 歐洲和亞洲北部

● **食物** 水生昆蟲、小型魚類和蝌蚪

可怕的捕食者

動作最迅速的 大顎

可怕的捕食者
這隻印尼鋸針蟻已經鎖定目標，準備發攻擊。大顎上的觸發毛只要感受到最輕微的觸碰，就會啟動死亡陷阱，瞬間闔起嘴巴。

致命武器
鋸針蟻

說到捕捉獵物，鋸針蟻配備了地球上最凶猛、最有效率的武器。當鋸針蟻把大顎大大張開，啟動特殊的機制拉扯巨大的大顎肌，固定大顎的位置。大顎上有的觸毛像觸鬚一樣，負責控制這個機制，只要有一根觸毛觸碰到任何東西，大顎就會立刻解鎖，並以驚人的速度闔上，夾住獵物——經常會立刻死亡。鋸針蟻也會利用充滿彈力的大顎來幫助自己逃離危險，只要對著地面夾擊，就可以把自己彈到空中。

一目了然

- **體型** 12公釐長
- **棲地** 熱帶森林
- **分布** 東南亞
- **食物** 昆蟲、蜘蛛和蠕蟲

數據有根據

約
78
種

種類

鋸針蟻分布在亞熱帶和熱帶地區。

工蟻壽命

6
週

攻擊速度

大顎夾擊的速度大約是為每秒60公尺。

族群大小

鋸針蟻族群中的個體數量介於100到1萬隻之間，根據種類而不同。

大顎角度

鋸針蟻的大顎能打開到180度。

防禦

除了尖銳的大顎，鋸針蟻的尾部還有螫針。

夜間潛行者
帝王蠍

一目了然

- **體型** 20 公分長
- **棲地** 熱帶森林和草地
- **分布** 非洲西部
- **食物** 昆蟲、蜘蛛,以及老鼠等小型哺乳類動物

帝王蠍的螯刺惡名昭彰。蠍子和蜘蛛有親緣關係,有長而分節的身體,和像螃蟹一樣的強壯鉗肢。帝王蠍是蠍子中體型最大的種類——這種渾身盔甲的巨蠍分布在非洲熱帶地區,在夜間捕食。帝王蠍幾乎看不見,利用特殊的感覺器官偵測空氣流動和地面震動,藉此悄悄靠近獵物。

強壯的鉗肢

一般而言,帝王蠍的鉗肢非常巨大,也是主要的攻擊武器。帝王蠍很少使用尾部的螯刺,而是靠純粹的蠻力殺死、扯碎獵物。然而面對蜥蜴等大型獵物時,可能就要使出螯刺,讓獵物停止掙扎。

鉗肢上的感覺毛能夠偵測到獵物引起的氣流。

只有小型的單眼,視力很差,幾乎看不到東西,但能感知光線和陰影。

腦

鉗肢內有巨大的肌肉,可以提供強大的抓握能力。

尾部螯刺

雖然帝王蠍有點像龍蝦,但其實是節肢動物的一種,有許多內部特徵和蜘蛛相似。帝王蠍沒有毒牙,尾部卻有螯刺,腹面還有一對梳狀的感覺器官,感應地面傳來的震動。

最後一節的尾巴內，有一對和螯刺連結的毒腺。

尖銳的螯刺可以彎曲，盤到蠍子的頭部上方，攻擊鉗肢抓住的獵物。

「蠍子已經在地球上存在了 4 億 3000 萬年。」

蠍子的腹部逐漸變得修長，延伸成尾部，裡面有部分的腸道。

主動脈負責把類似血液的體液在全身循環。

神經纖維網絡連結了腦和感覺器官，控制蠍子的一舉一動。

蠍子共有四對書肺，負責吸收氧氣，並排出二氧化碳。

和所有節肢動物一樣，蠍子也有八隻腳。

肌肉發達的胃部吸收液體：蠍子無法吞嚥固體食物。

唾腺

致命的親戚

帝王蠍的螯刺，強度大概跟蜂螯相當，不過有些蠍子的螯刺能取人性命，非洲金蠍就是其中一種，毒液含有神經毒素，會引發心臟衰竭。非洲金蠍主要靠毒液捕食，所以鉗子和其他蠍子的比起來較小。

奇異的光

把蠍子放在特殊的紫外光燈（陽光中造成曬傷的光線）下，你會看到牠在黑暗中發出亮光。這是因為蠍子的表皮含有螢光化學物質。科學家目前仍不清楚這對蠍子有什麼作用。

數據有根據

約 1750 種

種類

世界各地氣候溫暖的地區都有蠍子分布，眾多蠍子中，只有30種的毒足以對人類更構成危險。

活動時間

白天，蠍子躲在石頭下或地道中，到夜間才出來捕食。

幼蠍

雌蠍一胎能生產多達100隻幼蠍，並把後代背在背上。

生存策略

蠍子可以減緩身體新陳代列的速率，能整整一年每天只吃一餐。

防禦

用有毒液的螯刺和強壯的鉗肢來驅趕敵人。

最長壽命

15 年

微小的恐怖生物

大部分的蟲只會給我們帶來一點困擾，而且很多蟲對人類的生存來說，甚至不可或缺。不過，有少數幾種嚴重的害蟲，會叮、咬人，甚至吸血，而且還在過程中傳染一些特別致命的人類疾病。

居家清潔隊
家蠅

家蠅一直是最不受歡迎的昆蟲之一，並不是沒有原因的。家蠅遍布世界各地，身上可能攜帶著引起100多種疾病的微生物，包括致命的傷寒和小兒麻痺症。家蠅在人類排泄物上行走和取食的同時，也帶走了排泄物中的微生物，接著又到我們的食物上行走和進食。在公共衛生發展成熟的地方，並沒有太大的問題，但是在沒有妥善下水道系統的地區，任何一隻家蠅都有可能攜帶致命的病原。

一目了然

- **體型** 6公釐長
- **棲地** 適應各種棲地，但主要出沒在人類居住的地方
- **分布** 世界各地
- **食物** 任何人類、動物的食物、腐爛的垃圾和動物糞便

數據有根據

約 4000 種
種類

家蠅屬於蠅科，蠅科由一群相似的蠅類所組成，其中只有家蠅會對人類造成威脅。

最長壽命
25 天

卵

雌家蠅可產下500顆卵，主要產在牠的食物上。

味覺

家蠅用腳嘗味道，牠的味覺比人類的靈敏1萬倍。

活動範圍

家蠅在出生地方圓3公里的範圍內活動。

速度

嗡嗡叫的家蠅飛行速度可達每秒2公尺，每秒可以振翅200下。

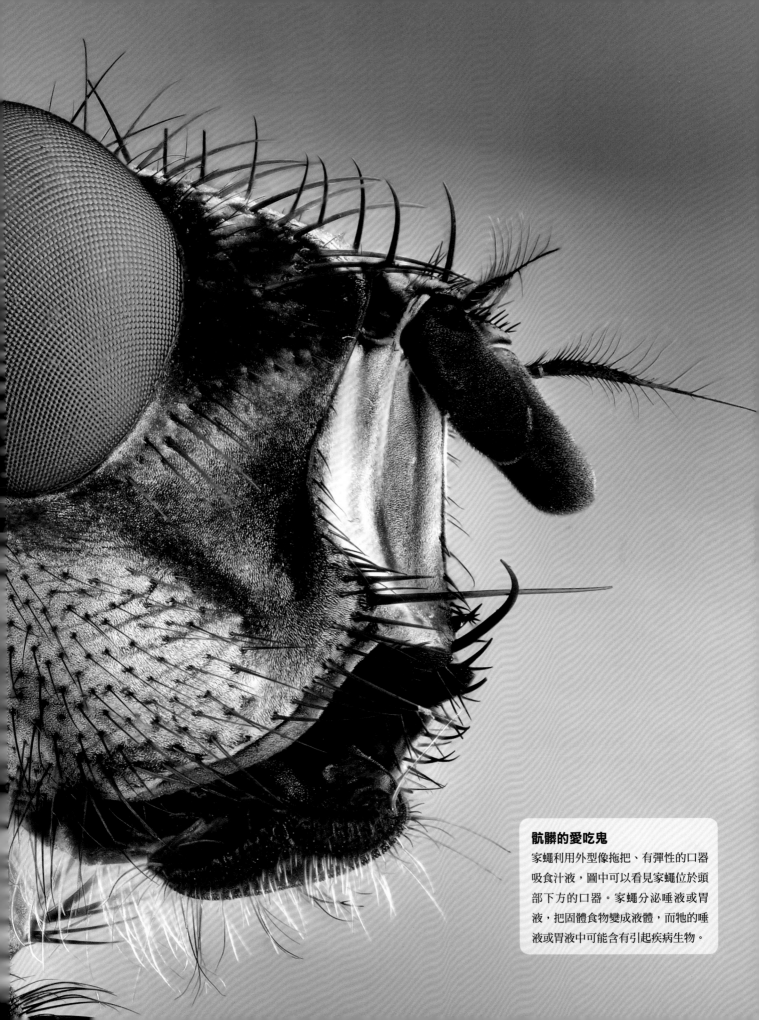

骯髒的愛吃鬼
家蠅利用外型像拖把、有彈性的口器
吸食汁液，圖中可以看見家蠅位於頭
部下方的口器。家蠅分泌唾液或胃
液，把固體食物變成液體，而牠的唾
液或胃液中可能含有引起疾病生物。

有毒的刺

鞍背刺蛾幼蟲

對飢餓的鳥來說，毛毛蟲算是輕鬆的目標，可以一口氣吃掉好幾隻。許多毛毛蟲身上有擾人的硬毛，不過有些毛毛蟲的防禦招式更厲害。鞍背刺蛾的幼蟲身上有中空的刺，可以注射引發劇烈疼痛的毒液。鮮豔的顏色是對鳥類、胡蜂和其他敵人發出的警告。

「這種**毛毛蟲**是北美洲**最危險的**昆蟲之一。」

致命的防禦機制
鞍背刺蛾的幼蟲利用邊緣尖銳的強壯大顎咀嚼堅韌的葉子，大多數時間都在進食。肉質的角狀構造從色彩鮮豔的身體上突出來，上面長有毒刺，觸摸牠們絕對是危險舉動。

一目了然

- **體型** 幼蟲長達 2 公分長；成蟲翅展約 4 公分寬
- **棲地** 草地、林地和花園
- **分布** 北美洲東部
- **食物** 幼蟲吃多種植物的樹葉

數據有根據

約 1000 種
種類

鞍背刺蛾的幼蟲在世界各地都有跟牠們一樣帶刺的親戚，不過主要出現在溫暖地區和熱帶國家。

像蛞蝓一樣

鞍背刺蛾的幼蟲身體粗短，滑動時很像蛞蝓，所以又被暱稱為蛞蝓毛蟲。

防禦

鞍背刺蛾的幼蟲身上明亮的顏色是在警告捕食者他身上的刺有毒。

卵

成熟的雌蛾一次產30至50顆卵，並在大約三週後死亡。

尖刺

被鞍背刺蛾的幼蟲刺到，疼痛的感覺和被蜜蜂或胡蜂叮到差不多。

幼蟲最長壽命 **5** 個月

尖刺用來防身，內含毒液，可以刺穿敵人的皮膚，通常還會斷在敵人的傷口裡。

成蛾
幼蟲吃夠之後就開始化蛹，接著轉變為棕色的成蟲。成蟲健壯結實，有毛茸茸的腳，和幼蟲不一樣，是無害的昆蟲，在完成交配和產卵後就會死亡。

鮮豔的綠色圍繞暗色的馬鞍形圖案，警告捕食者不要靠近。

有毒的毛毛蟲

天蠶蛾幼蟲
天蠶蛾幼蟲分布在南美洲，有威力強大的毒液，每年約有 20 人因為中毒而喪命。毒液能導致內臟流血及腦受損。

褐尾蛾幼蟲
一群群的褐尾蛾幼蟲聚集在進食，並受到帳棚般的絲網保護，身上有刺人的細毛，斷裂後留在皮膚中，引發疼痛的紅疹。

五點斑蛾幼蟲
五點斑蛾幼蟲一身鮮豔的黃黑色，是對鳥類和其他敵人發出的警告：牠的體內含有氰化物——最致命的有毒物質之一。

殼蓋絨蟲幼蟲
這種分布在美洲的蛾類幼蟲外表雖然像小貓，但絕對不是溫馴無害，柔軟的細毛下藏著有毒的尖刺，會引起嘔吐和呼吸問題。

吸血蟲子
硬蜱

這種微小的節肢動物是寄生蟲，尖銳的口器有刺穿能力，用來吸食爬蟲類、鳥類和哺乳類動物的血液——包括人類在內。硬蜱會花幾天時間攀附在寄主身上，吸入相當於自己體重500倍重的血液。過程中還會傳播可怕的病毒，寄主如果不接受治療，甚至有可能致命。

硬蜱和蜘蛛一樣
有八隻腳。

漫長的等待
硬蜱完全看不見，不能跳，也不會飛，想要進食的時候，只能爬上枝條或草莖的頂端靜靜等待，可能要等上好幾年，才能等到動物經過，只要感覺到動物的體溫，就會伸出前腳，攀爬到動物身上吸血。

一目了然

- **體型** 最長可達 1 公分
- **棲地** 草地、矮叢沼地和森林
- **分布** 世界各地
- **食物** 血

愈來愈大
準備產卵的雌蜱可能需要連續吸血八到九天，吸入的血液足以使牠的身體膨脹成原本的十倍大。當雌蜱無法再吸入更多血液，就會拔出口器，從寄主身上掉落，產下好幾千顆卵，然後死亡。

這隻雌蜱體內吸飽了血，脹鼓鼓的，準備從寄主身上掉落。

數據有根據

約 **700** 種 種類

硬蜱扁平的身體很堅硬，攀附在植物上，等待動物經過。

鮮血大餐

硬蜱一生只需要吸血三次。

第一餐	第二餐	第三餐
幫助硬蜱從幼蟲發育成若蟲。	幫助硬蜱從若蟲發育成成蟲。	讓硬蜱可以繁殖、產卵。

活動時間
硬蜱主要在白天尋找寄主。

感官
硬蜱透過嗅覺或寄主體溫來偵測寄主。

最長壽命 **7** 年

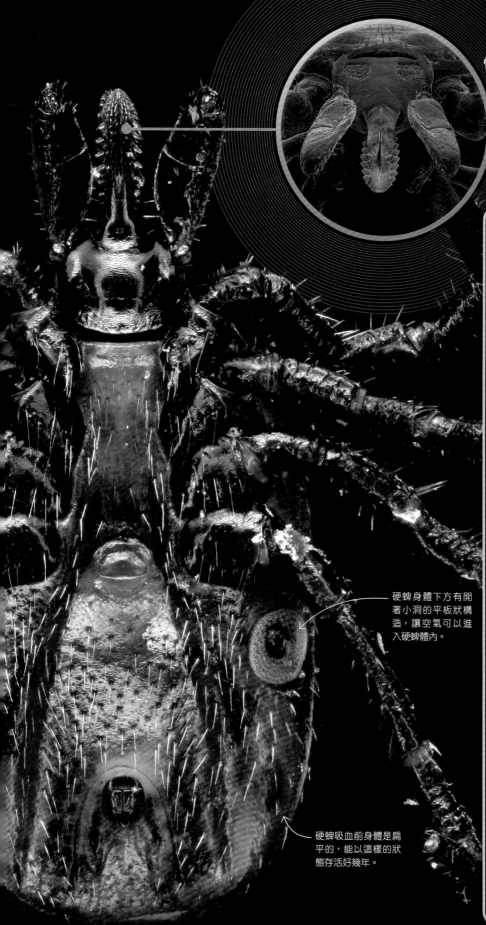

悄悄攻擊

硬蜱的口器邊緣帶刺，插入寄主傷口之前，會先利用像鉗子一樣的鋸齒狀大顎刺破寄主的皮膚，接著以唾液中有麻醉性物質麻痺寄主的痛覺，讓寄主根本沒有發現自己被咬。

硬蜱的微型親戚

疥蟎

蟎是硬蜱的親戚，有些蟎會給人類帶來不小困擾，特別是疥蟎。蟎會鑽進寄主的皮膚，在裡面進食、繁殖，引起發癢的紅疹，叫做疥瘡。

塵蟎

人類的皮膚代謝時，變成碎屑脫落，像灰塵一樣，所以進食人類皮屑的蟎類就叫做塵蟎，會引發過敏反應，使人不停打噴嚏。

蠕形蟎

有些蟎類甚至住在你的睫毛根部，只不過我們沒有發現牠們的存在。蠕形蟎進食皮膚的細胞和油脂，只有數量太多的時候才會引起問題，但這種情況很罕見。

硬蜱身體下方有開著小洞的平板狀構造，讓空氣可以進入硬蜱體內。

硬蜱吸血前身體是扁平的，能以這樣的狀態存活好幾年。

恐怖的蜘蛛
雪梨漏斗網蜘蛛

雪梨漏斗網蜘蛛有強大的神經毒素，足以致人於死地，是最危險的蜘蛛之一，和巨大的狼蛛有親緣關係，大型的毒牙跟響尾蛇的毒牙一樣向下戳刺。雌蛛通常待在地道裡；但腳比較長的雄蛛則會在花園或居家環境中徘徊，尋找交配對象，尤其喜歡在夜間出沒，因為深色的雄壯身體比較不容易被發現。

致命的防禦
面對危險時，雪梨漏斗網蜘蛛會高舉前腳，同時，長長的毒牙會開始滴出毒液。一旦決定發動攻擊，雪梨漏斗網蜘蛛通常會跳到對手身上連咬幾口，盡可能注射更多的毒液。

一目了然

- **體型** 4 公分長
- **棲地** 林地和花園中的潮溼縫隙
- **分布** 澳洲東南部
- **食物** 昆蟲、蜥蜴和老鼠等小型動物

雄蛛用第二對腳上的刺在交配時箝制雌蛛，避免被雌蛛咬。

數據有根據

約 85 種
種類

漏斗網蜘蛛是一群體型龐大的蜘蛛家族，有相同的毒牙結構，也都織漏斗狀的蜘蛛網。

卵
雌蛛在地道中產下絲質的卵袋，卵袋中大約有100顆卵。

防禦
雪梨漏斗網蜘蛛會表現凶狠的姿態嚇退敵人，但最好的防身武器是毒液。

活動時間
主要在夜間活動，白天時藏身在涼爽潮溼的地方。

地道
漏斗網蜘蛛的地道約30公分深，裡面布滿蜘蛛絲，通常呈丫字型，有兩個出入口。

雌蛛最長壽命 10 年

最致命的蜘蛛

致命的毒液

雄性雪梨漏斗網蜘蛛的毒液，毒性程度比雌蛛的毒性要高。毒液會攻擊神經系統，造成肌肉劇烈痙攣、流汗、噁心、意識錯亂，最後導致心臟衰竭。不過目前已經有用毒液製成的解毒劑：由訓練有素而且勇敢的志工，從豢養蜘蛛的毒牙中擠出毒液。

雄蛛利用特化的修長觸肢和雌蛛交配。

長而尖的毒牙和強壯的大顎間有關節連結，毒腺就在大顎中。

毒牙的尖端向下，所以蜘蛛必須抬起上半身才能發動攻擊。

殺戮本能

任何一種蜘蛛咬人的可能性其實都不高，但有的蜘蛛有威力強大的毒液，因此惡名昭彰。

巴西漫遊蜘蛛

體型大、速度快、攻擊性強的巴西漫遊蜘蛛，是和雪梨漏斗網蜘蛛競爭全世界最毒蜘蛛寶座的對手，一樣用舉起前腳的方式威嚇敵人。

黑寡婦

黑寡婦雌蛛體型小，卻有巨大的毒腺，可以製造強力的神經毒素，雖然因為被咬而中毒死亡的案例很少，但是傷口會非常疼痛。

智利隱蛛

被隱蛛咬會留下很可怕的傷口，還要好幾個月才能癒合，而智利隱蛛是隱蛛家族中最危險的成員——毒液會引發致命的腎衰竭。

六眼沙蛛

六眼沙蛛出沒在非洲南部的沙漠，偽裝功力高強，毒液是所有蜘蛛中最強大的。幸好，遇到牠的人也非常少。

致命的威脅
瘧蚊

瘧蚊是蚊子家族中最致命的成員，使其他昆蟲的叮咬相形失色，能夠傳播瘧疾——瘧疾每年奪走100萬人以上的性命。瘧原蟲是引發瘧疾的兇手，生活在瘧蚊體內，在瘧蚊叮咬人類、吸食血液的時候進入人體。

修長的觸角和小顎鬚可以偵測人類的呼吸。

觸鬚

口器針狀的尖端，能找到隱藏在皮膚下的血管。

外鞘的尖端很敏感，可以偵測位於皮膚下的血管。

四根尖銳的口針合力工作，刺穿皮膚。

精準的工具

上圖是瘧蚊複雜口器的特寫：尖銳的口針外有柔軟有彈性的外鞘保護，在吸血時伸出外鞘，吸完血後再縮回外鞘中。修長的管狀構造注入唾液，防止血液凝結，較寬闊的管狀構造則用來吸血。

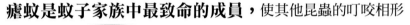

數據有根據

約 465 種 種類

世界各地的蚊子多達數千種，但只有幾種棲息在熱帶的蚊子會傳播瘧疾。

活動時間

成蟲在夜間活動，主要的活動時間是午夜到清晨4點。

時間尺度
瘧疾可以再幾天之內奪取性命，或在人體內潛伏數年之久。

追蹤心跳

體溫和汗液可以幫助蚊子找到目標的位置。

振翅

飛行肌肉讓蚊子每秒振翅400下，發出嗡嗡聲。

成蟲壽命 1-2 週

吸血的雌蚊

只有雌蚊會吸血，因為負責產卵的雌蚊需要高養分食物。人類的皮膚上沒有濃密的毛髮，是理想的吸血對象。蚊子的口器呈管狀，又長又尖，可以刺穿皮膚，尋找血管，把血液吸進蚊子的胃裡。

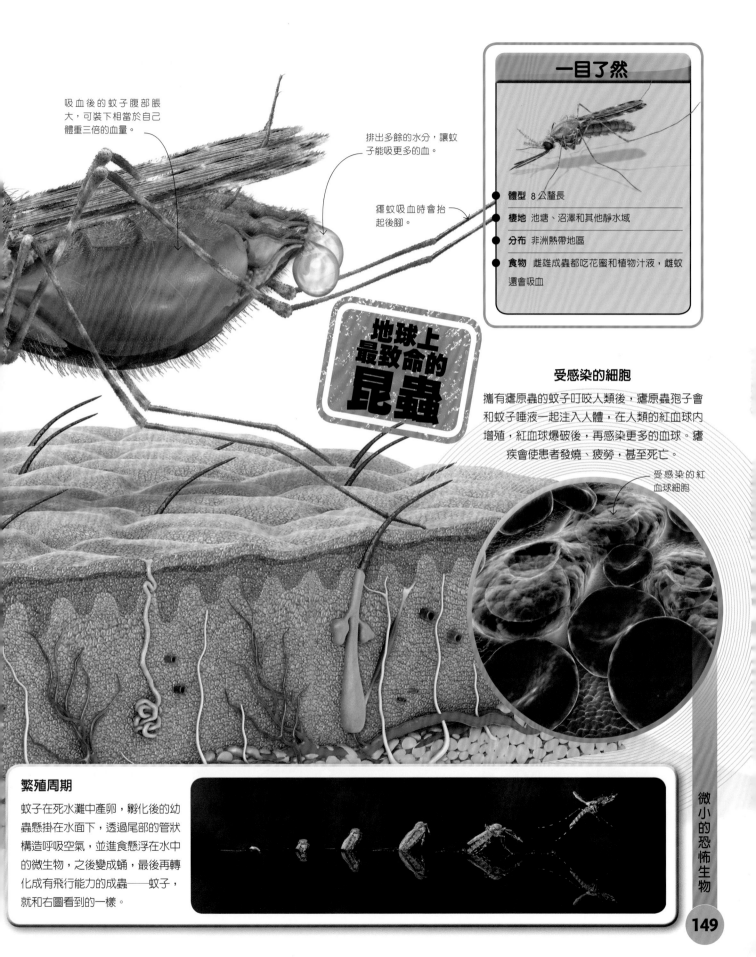

吸血後的蚊子腹部脹大，可裝下相當於自己體重三倍的血量。

排出多餘的水分，讓蚊子能吸更多的血。

瘧蚊吸血時會抬起後腳。

一目了然

- **體型** 8公釐長
- **棲地** 池塘、沼澤和其他靜水域
- **分布** 非洲熱帶地區
- **食物** 雌雄成蟲都吃花蜜和植物汁液，雌蚊還會吸血

地球上最致命的昆蟲

受感染的細胞

攜有瘧原蟲的蚊子叮咬人類後，瘧原蟲孢子會和蚊子唾液一起注入人體，在人類的紅血球內增殖，紅血球爆破後，再感染更多的血球。瘧疾會使患者發燒、疲勞，甚至死亡。

受感染的紅血球細胞

繁殖周期

蚊子在死水灘中產卵，孵化後的幼蟲懸掛在水面下，透過尾部的管狀構造呼吸空氣，並進食懸浮在水中的微生物，之後變成蛹，最後再轉化成有飛行能力的成蟲——蚊子，就和右圖看到的一樣。

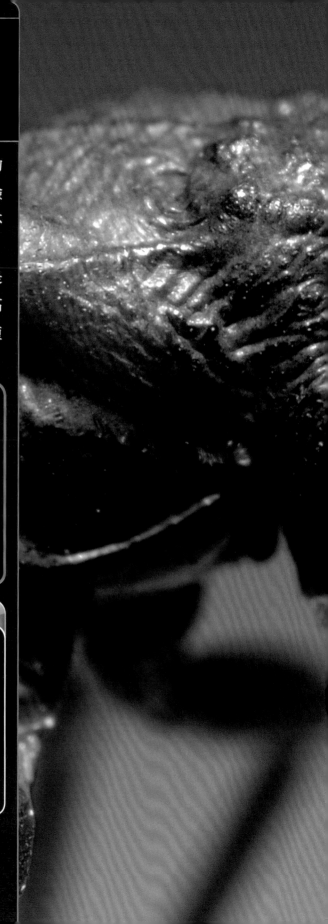

殺手之吻

錐蝽

錐蝽雖然小，卻是不折不扣的殺手，以人類的血液為食，在夜晚偷偷爬到人類身上，通常選擇臉部下手。錐蝽的唾液有麻醉的作用，讓牠可以神不知鬼不覺地吸食血液，喝飽了再悄悄溜走。不過，錐蝽不只會吸血，許多還帶有南美錐蟲病。錐蟲是一種攻擊人類肌肉和神經細胞的微生物，並引發高燒，可能會導致心臟衰竭，有些病人在感染後短短幾週就死亡。

一目了然

- **體型** 2公分長
- **棲地** 森林、草地和居家環境
- **分布** 南美洲的熱帶地區
- **食物** 血液

數據有根據

約 **78** 種
種類

卵

雌蟲壽命3至12個月，可產100至600顆卵。

防禦
錐蝽會散發難聞的氣味，或發出尖銳的聲音嚇退捕食者。

雖然最具危險性的錐蝽分布在熱帶地區，北美洲也有類似的種類。

瞄準獵物
錐蝽受到體溫的吸引，吸食人類或人類寵物的血液。

液體食物
吸食血液後，錐蝽身體脹大成原來體重的四倍。

最長壽命

12 個月

完美的口針

錐蝽是獵蝽的親戚。獵蝽是凶猛的昆蟲，把破壞組織的唾液注射到獵物體內，再把獵物吸乾。獵蝽的口器是尖銳中空的吸管，非常適合這種取食方式。

不速之客
蟑螂

俗稱蟑螂的蜚蠊首次出現在地球上，已經是超過3億年前的事，之後一直是地球上最成功的生物。蟑螂什麼都吃，幾乎哪裡都能生存——不論是炎熱的沙漠，還是北極的苔原。有幾種惡名昭彰的蟑螂在人類住家中興盛繁殖，白天偷偷躲起來，夜晚才出來大啖我們的食物。

不挑嘴的食客
德國蟑螂很可能源自於東南亞地區，因為喜歡棲息在溫暖建築物裡，所以擴散到了全世界。腐食性的蟑螂吃任何找得到的人類食物，並在進食過程中排泄，汙染食物。食物短缺的時候，蟑螂會啃肥皂、舔膠水，甚至同類相吃。

身體前半部有叫做背板的強壯構造保護。

革質的前翅非常堅韌。

一目了然

- **體型** 16公釐長
- **棲地** 主要出沒在有食物的建築物內
- **分布** 世界各地
- **食物** 偏好肉類、澱粉和有糖分的食物

數據有根據

約 4500 種
種類

全世界有幾千種蟑螂，但只有約30種出沒在建築物中，並是公認的害蟲。

頑強的蟲子

有些種類的蟑螂是昆蟲界最頑強的成員，在進食量極小的狀況下可以存活好幾週。

生長
蟑螂約需要蛻皮六次才能轉為成蟲。

卵
雌性德國蟑螂一生可產五個卵鞘，每個卵鞘內約有40顆卵。

破紀錄
分布在中美洲的一種匍蜚蠊——*Blaberus giganteus*，重達35克，是全世界最重的蟑螂。

德國蟑螂壽命 **3 個月**

其他蟑螂

雖然蟑螂是公認噁心的生物，但大多數的種類並不會對人類造成任何的問題。蟑螂棲息在森林、草地、沼澤、洞穴和其他的野外棲地，進食各種動物或植物組織，是食物鏈中的重要成員，負責回收廢棄物質，把植物不可或缺的養分歸還土壤。

巨蜚蠊
巨蜚蠊名符其實，長達 10 公分，分布在美洲的熱帶森林，通常棲息在中空的樹幹朼洞穴中。

馬達加斯加蜚蠊
原生於馬達加斯加島，這種大型無翅的蟑螂棲息在腐木中，會把空氣擠出氣孔，發出嘶嘶的聲音。

枯葉蜚蠊
許多的蟑螂會照顧若蟲，這種出沒在東南亞森林的蟑螂也是其中之一。枯葉蜚蠊的若蟲沒有翅膀，就像縮小版的成蟲。

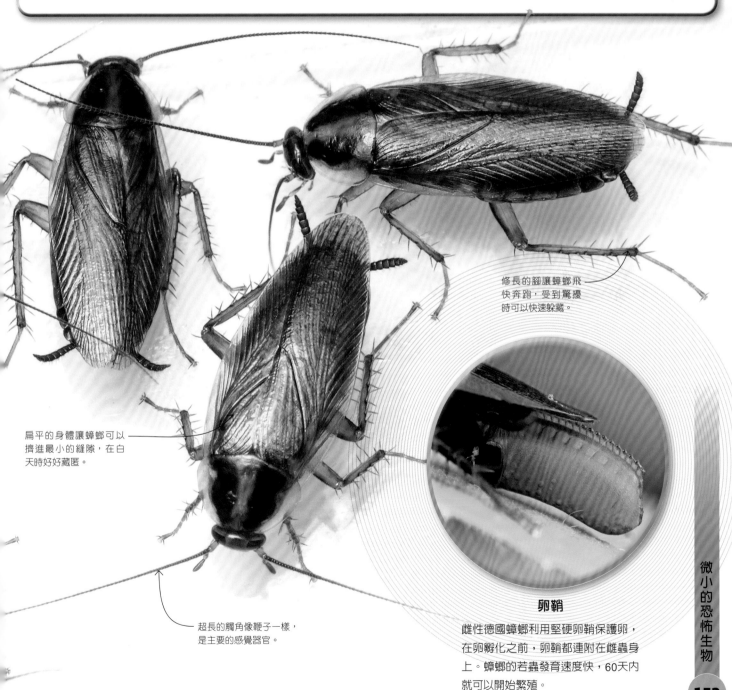

修長的腳讓蟑螂飛快奔跑，受到驚擾時可以快速躲藏。

扁平的身體讓蟑螂可以擠進最小的縫隙，在白天時好好藏匿。

超長的觸角像鞭子一樣，是主要的感覺器官。

卵鞘

雌性德國蟑螂利用堅硬卵鞘保護卵，在卵孵化之前，卵鞘都連附在雌蟲身上。蟑螂的若蟲發育速度快，60天內就可以開始繁殖。

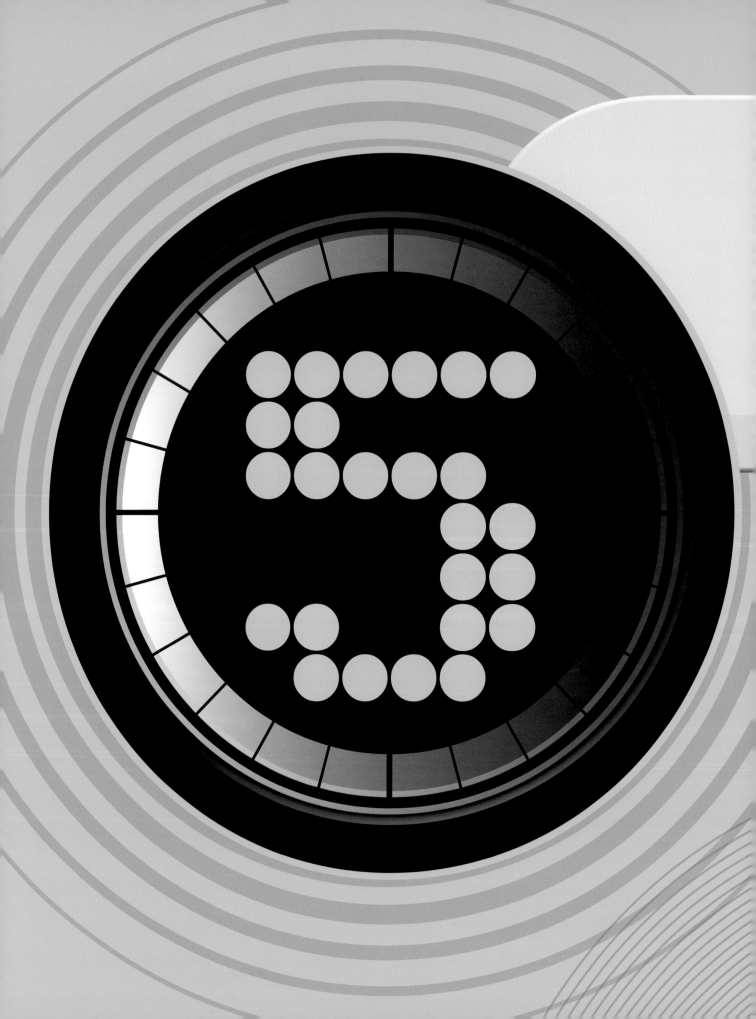

生命的故事

許多蟲的生命非常獨特。有的成群居住在一起，無法單獨生存；有的蟲在一生中有幾種完全不同的外觀。有幾種蟲育幼的方式叫人目瞪口呆，少數幾種蟲甚至被凍成冰塊也能存活！

紅色警戒
青蜂

青蜂有寶石一樣的閃耀光芒，其實背後也隱藏了黑暗的一面。青蜂是一種巢寄生的昆蟲，就像占巢的杜鵑一樣，所以又有杜鵑蜂的稱號。青蜂潛入獨居的胡蜂或蜂族的巢內產卵，幼蟲孵化後就把巢主的幼蟲吃掉。

光芒耀眼
青蜂有紅寶石色的尾部，部分奪目的顏色來自身體反射的光線。閃亮的外骨骼密布微小的凹凸，造成光線散射，形成隨角度和光線強度改變的虹彩效應。在強烈的陽光直射下，青蜂散發的光芒最是燦爛的。

球形防禦
侵入胡蜂或蜜蜂的巢穴非常危險，因為他們都有致命的螫針。不過，青蜂可以緊緊地把身體捲成一顆球來保護自己。背部和尾部厚實的幾丁質是抵擋螫針的有效盔甲。

和大多數的胡蜂一樣，青蜂也有兩對透明的翅膀。

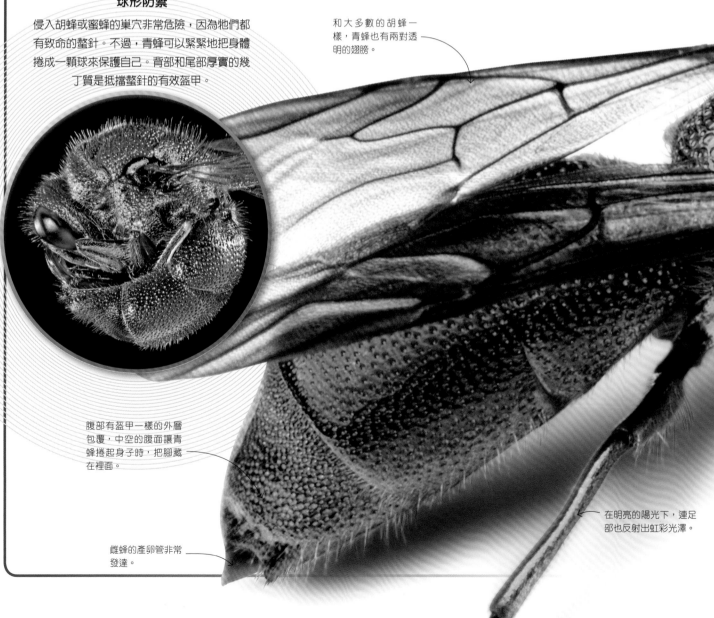

腹部有盔甲一樣的外層包覆，中空的腹面讓青蜂捲起身子時，把腳藏在裡面。

雌蜂的產卵管非常發達。

在明亮的陽光下，連足部也反射出虹彩光澤。

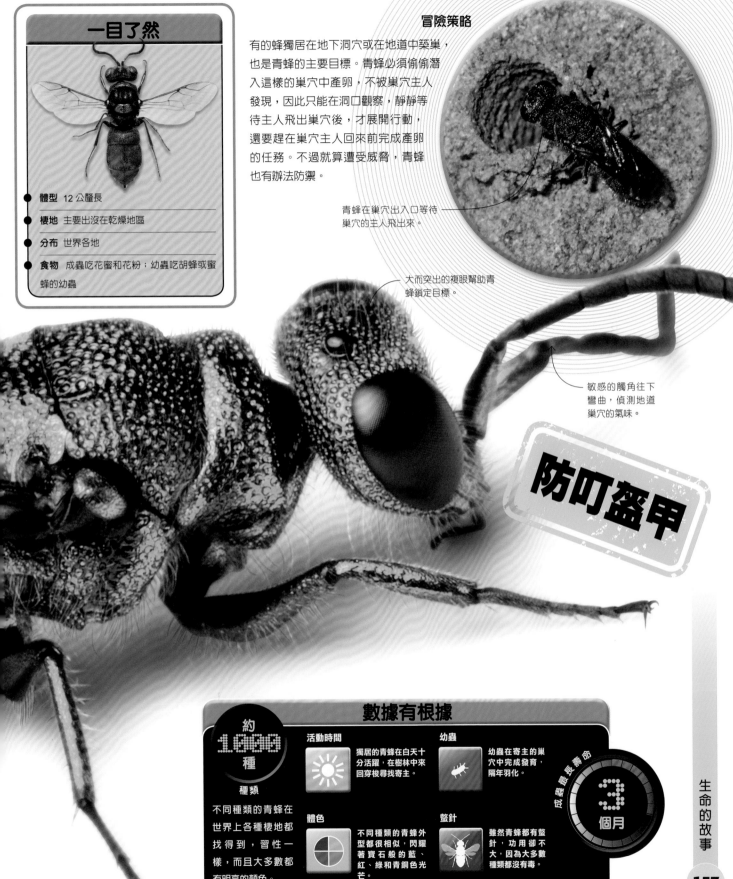

一目了然

- **體型** 12 公釐長
- **棲地** 主要出沒在乾燥地區
- **分布** 世界各地
- **食物** 成蟲吃花蜜和花粉；幼蟲吃胡蜂或蜜蜂的幼蟲

有的蜂獨居在地下洞穴或在地道中築巢，也是青蜂的主要目標。青蜂必須偷偷潛入這樣的巢穴中產卵，不被巢穴主人發現，因此只能在洞口觀察，靜靜等待主人飛出巢穴後，才展開行動，還要趕在巢穴主人回來前完成產卵的任務。不過就算遭受威脅，青蜂也有辦法防禦。

青蜂在巢穴出入口等待巢穴的主人飛出來。

大而突出的複眼幫助青蜂鎖定目標。

敏感的觸角往下彎曲，偵測地道巢穴的氣味。

防叮盔甲

數據有根據

約 1,000 種
種類

不同種類的青蜂在世界上各種棲地都找得到，習性一樣，而且大多數都有明亮的顏色。

活動時間
獨居的青蜂在白天十分活躍，在樹林中來回穿梭尋找寄主。

幼蟲
幼蟲在寄主的巢穴中完成發育，隔年羽化。

體色
不同種類的青蜂外型都很相似，閃耀著寶石般的藍、紅、綠和青銅色光芒。

螫針
雖然青蜂都有螫針，功用卻不大，因為大多數種類都沒有毒。

成蟲最長壽命
3 個月

生命的故事

埋葬屍體
埋葬蟲

如果少了埋葬蟲，地面上到處都會是小動物的屍體。成對的雌雄埋葬蟲受到動物腐屍的氣味吸引，會在動物的屍體下挖掘坑洞，讓屍體陷進去，如果土壤過於堅硬，埋葬蟲會先把屍體拖到比較適合的地點。埋好屍體後，雌蟲就會在屍體上產卵。幼蟲孵化後以屍體為食，直到準備好轉變為成蟲。同時間，雌蟲會保護幼蟲不受敵人威脅，甚至還會餵養幼蟲。

一目了然

- **體型** 2 公分長
- **棲地** 草地和林地
- **分布** 歐洲、亞洲北部和北美洲
- **食物** 動物屍體

數據有根據

約 **150** 種

種類
世界各地都找得到相似的埋葬蟲，所有的種類都愛吃動物的屍體。

嗅覺　　　埋葬蟲可以聞到1.6公里外動物屍體的氣味

公里	0.5	1	1.5	2
英里	½		1	

力量
兩隻埋葬蟲可以移動重達450克的老鼠屍體。

活動時間
埋葬蟲主要在夜間行動，一旦發現屍體就立刻開始掩埋。

最長壽命
1 年

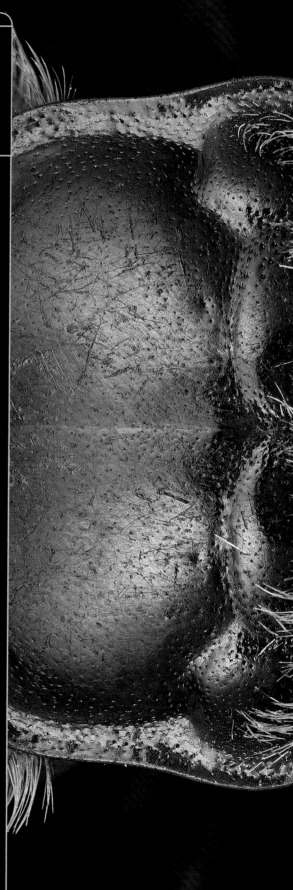

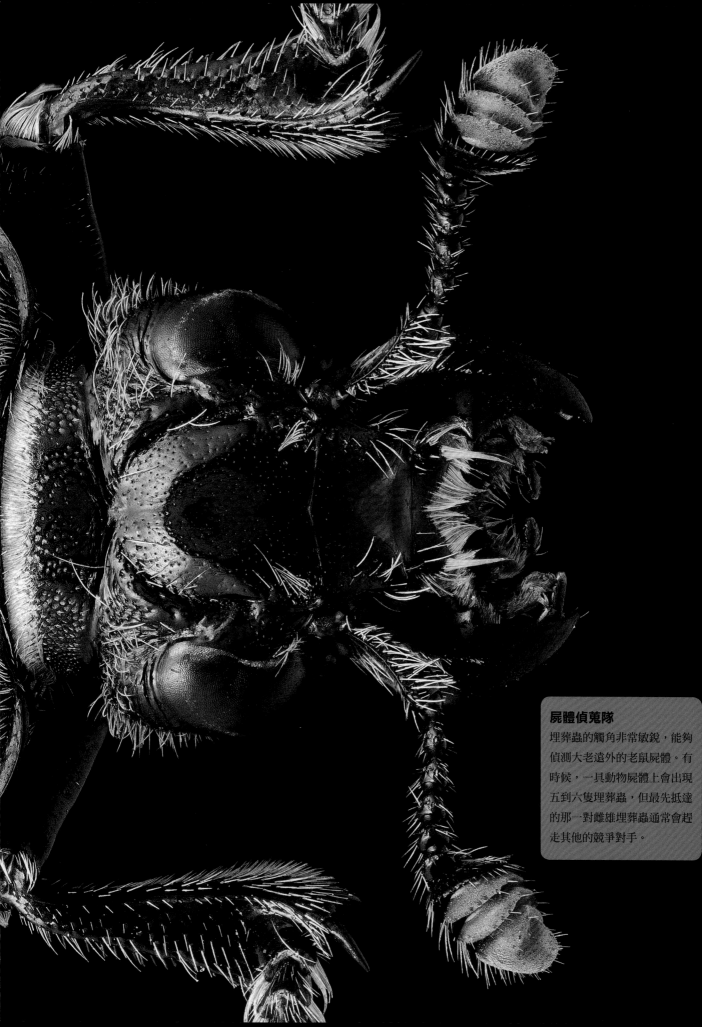

屍體偵蒐隊
埋葬蟲的觸角非常敏銳，能夠偵測大老遠外的老鼠屍體。有時候，一具動物屍體上會出現五到六隻埋葬蟲，但最先抵達的那一對雌雄埋葬蟲通常會趕走其他的競爭對手。

自然界的回收者

糞金龜

體型　2.5公分長
棲地　食草動物取食的草地
分布　歐洲、亞洲和非洲
食物　動物糞便

牛和其他食草動物的糞便對我們來說可能很臭，甚至看到都覺得噁心，卻是糞金龜豐富的營養來源。糞金龜把動物的糞便當作幼蟲的食物，埋藏在地面下，並在糞便中產卵。在這個過程中，糞金龜回收了大量的動物的排泄物，也讓土壤更肥沃。

挖掘地道

有的糞金龜，像是圖中的歐洲糞金龜，會在馬糞或牛糞堆下方挖掘深邃的地道。雌蟲產卵前會把糞粒儲存在通道的末端，之後再用土壤封住地道的出入口。

糞金龜在大老遠外就聞到新鮮糞便的氣味，所以有許多從四面八方飛來。

糞金龜把牛糞團下方的土壤挖空後，才開始搬動牛糞，把它埋起來。

深深挖掘

糞金龜利用強壯的前腳，在糞堆下方挖出網絡狀的地道系統。前腳上的鋸齒狀突起可以幫物糞金龜掘開土壤。

糞金龜會先挖掘好比較深處的主要幹道，產完卵後再開始挖掘末道。

在一顆糞粒的大小都，經過完美計算，足夠幼蟲吃一整年。

數據有根據

03 年 壽命最高

超過 5,000 種（種類）
世界各地都有不同種類的黃金龜分布，進食在地動物的糞便。

卵
雌蟲一次可產 3 至 20 顆卵

重量
黃金龜在一個晚上就能掩埋相當於自身體重 250 倍重的糞便。

地道
黃金龜挖掘的地道深達 50 公分。

活動時間
研究顯示，夜行性的黃金龜利用夜空來推敲方向。

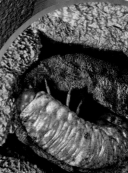

黃金龜幼蟲

黃金龜的幼蟲孵化後，有一整年的時間只進食牠已埋好的糞粒——也就是牠唯一的食物來源。幼蟲在生長的過程遇褪去柔軟的外皮，經歷幾次蛻皮後就會化蛹，經過蛹期的階段，幼蟲才能轉變成成蟲。

滾糞型和糞居型

有些種類的黃金龜辛勤地把糞球滾離糞堆；有的則直接在糞堆裡產卵。

滾動糞球
上圖的黃金龜堆著糞粒在地面上滾動，滾成圓的糞球——每一顆的重量可達黃金龜自己體重的 50 倍。黃金龜最後會把糞球埋起來，當成幼蟲的食物。

站在糞堆上
黃金龜並不會費力滾糞球或挖地道，而是直接在糞便上挖洞。幼蟲孵化後就以周圍的糞為食。

生命的故事

抗凍甲蟲

超低溫生存者
樹皮甲蟲

溫血動物把食物供應的能量轉換成熱能，所以可以在冰天雪地裡生存。但蟲沒辦法這麼做，所以在冬天的時候，體內可能會形成冰晶而死。美洲樹皮甲蟲的血液中有天然的抗凍劑，可以保護牠度過阿拉斯加刺骨的寒冬。驚人的是，樹皮甲蟲在倒木的樹皮底下冬眠時，雖然凍得像玻璃一樣硬，卻依然能夠存活，因為體內濃縮的抗凍劑能阻止冰晶形成，所以使牠不會受到傷害。

一目了然

- **體型** 14 公釐長
- **棲地** 森林中的樹木
- **分布** 北美洲西北部
- **食物** 昆蟲

數據有根據

14 種
種類

世界高緯度森林中有各種樹皮甲蟲分布。

估計成蟲壽命
1 年

溫度
樹皮甲蟲在攝氏零下150度的環境中也能存活。

顏色
根據種類不同，樹皮甲蟲有黃色的，也有棕色的。

生命周期
幼蟲期持續兩年，幼蟲也能在極低溫的環境中生存。

年	1	2	3

從蛹羽化到成蟲約需兩週。

狹窄的空間

夏季時，樹皮甲蟲在鬆散的樹皮下捕食其他昆蟲，善用自己扁平的身體，鑽進最窄的隙縫中，甚至還會攻擊深深鑽進木材的昆蟲。

頂尖建築師
白蟻

說到建築技術，很少有動物能比得上白蟻。體型微小，幾乎全盲的白蟻群居生活，利用堅硬的泥土打造結構複雜的蟻丘——通常高高地聳立在四周。有些種類的白蟻窩中有特殊的區域，用來種植食物，還有設計絕頂聰明的空調系統，保持涼爽。

白蟻透過地道進出蟻丘，蒐集食物。

超級結構

白蟻蟻丘的形態有很多種，每一個都是驚人的工程奇觀。在炎熱乾燥的澳洲北部，羅盤白蟻打造尖端朝北的楔形蟻丘，這麼一來，早晨和傍晚的陽光都能溫暖巢穴的寬闊面，同時也減少了蟻丘受到白天陽光照射的面積。

蟻丘
非洲草原白蟻高聳的蟻丘裡有密室，住著負責繁殖的蟻后、正在發育的幼蟲，還有白蟻賴以為食的真菌花園。空氣升向蟻丘的頂端，帶走蟻族群產生的熱。蟻丘可高達 7.5 公尺。

緊急修復

如果巢穴遭到入侵，數百隻公蟻會衝出來進行修復，含著滿嘴的泥土和廢棄物，用來修補蟻巢的缺口，同時，配備重兵器的兵蟻在一旁待命，負責保護工蟻，並攻擊入侵者。

數據有根據

超過 3100 種 種類

世界上氣候溫暖的地區都有各種白蟻分布，栽培真菌花園的白蟻只是其中一種。

卵
蟻后一天最多產 3 萬顆卵，每三秒鐘就能產一顆卵。

族群
一個白蟻族群裡可能有多達 700 萬隻個體。

防禦
兵蟻既能咬，也能噴出有毒的黏液，甚至可以像炸彈一樣自爆，把敵人噴得滿身黏液。

重量
非洲草原上所有白蟻的總重量是棲息在那裡的所有大型動物總重量的兩倍。

蟻后壽命 15 年以上

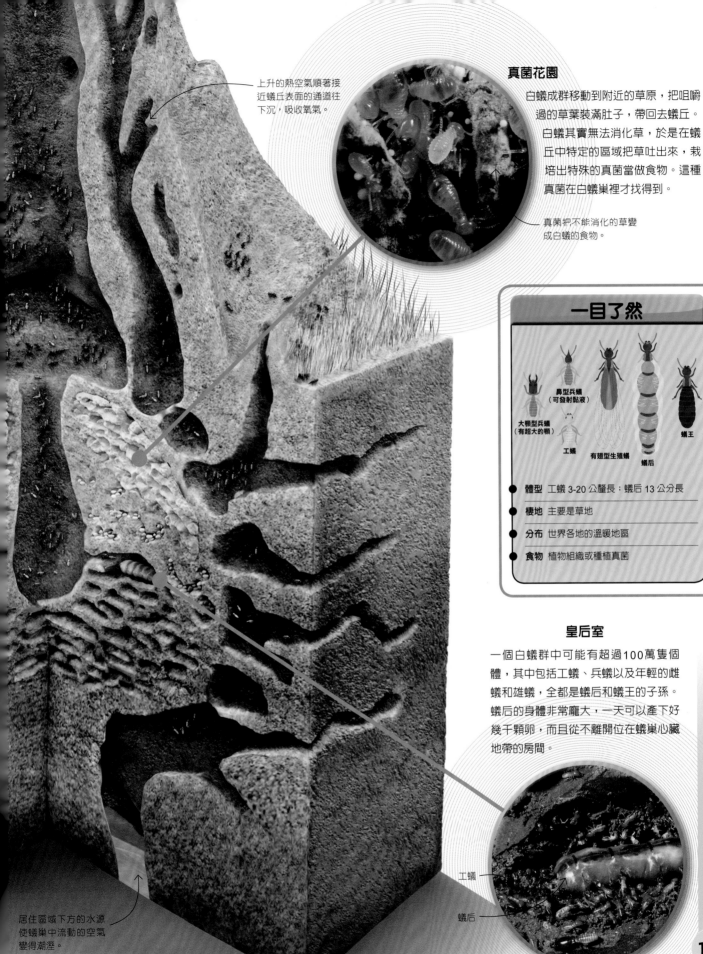

上升的熱空氣順著接
近蟻丘表面的通道往
下沉，吸收氧氣。

真菌花園

白蟻成群移動到附近的草原，把咀嚼
過的草葉裝滿肚子，帶回去蟻丘。
白蟻其實無法消化草，於是在蟻
丘中特定的區域把草吐出來，栽
培出特殊的真菌當做食物。這種
真菌在白蟻巢裡才找得到。

真菌把不能消化的草變
成白蟻的食物。

一目了然

鼻型兵蟻
（可發射黏液）

大顎型兵蟻
（有超大的顎）

工蟻

有翅型生殖蟻

蟻后

蟻王

● **體型** 工蟻 3-20 公釐長；蟻后 13 公分長

● **棲地** 主要是草地

● **分布** 世界各地的溫暖地區

● **食物** 植物組織或種植真菌

皇后室

一個白蟻群中可能有超過100萬隻個
體，其中包括工蟻、兵蟻以及年輕的雌
蟻和雄蟻，全都是蟻后和蟻王的子孫。
蟻后的身體非常龐大，一天可以產下好
幾千顆卵，而且從不離開位在蟻巢心臟
地帶的房間。

工蟻

蟻后

居住區域下方的水源
使蟻巢中流動的空氣
變得潮溼。

發射黏液

兵蟻是專門負責捍衛蟻巢安全的工蟻，對敵人發動攻擊。大多數白蟻的兵蟻都有巨大、尖銳、有力的大顎，不過有一群白蟻的兵蟻演化出不同的武器：頭部有長長的鼻嘴，會噴出帶有微毒的黏性化學物質，用來驅趕螞蟻時特別有用，而螞蟻正是白蟻最主要的敵人。

生產線上
豌豆蚜

食物充裕的時候，許多昆蟲都以驚人的速度增殖，而體型微小的蚜蟲更是繁殖速度的冠軍。豌豆蚜吸食豌豆和豌豆近緣植物的汁液。夏季時，寄主植物生長良好，豌豆蚜會盡可能用最快的速率繁殖。母蚜不需要交配就生出許許多多的雌性若蟲，若蟲在幾天內又開始自行繁殖。到了夏季尾聲，母蚜會產下雌性和雄性的若蟲，若蟲交配後產卵越冬，到了春天，就有更多的若蟲從卵孵化。

一目了然

- **體型** 4公釐長
- **棲地** 林地、草地、農場和花園
- **分布** 任何有寄主植物的地方，幾乎遍布世界各地
- **食物** 豌豆和豌豆近緣植物內含有糖分的汁液

數據有根據

約 4400 種

種類

世界各地有好幾千種蚜蟲，大多數蚜蟲不需要交配就可以快速繁殖。

最長壽命 40 天

防禦

蚜蟲可以用後腳發動攻擊。有些蚜蟲還能散發有警告氣味的化學物質。

顏色

雖然蚜蟲大多是綠色的，但也有粉紅色、黑色、棕色甚至無色的蚜蟲。

繁殖

一個月之內，母蚜就能生下100萬隻後代。

螞蟻好幫手

有些螞蟻為了吃蚜蟲排出的蜜露，會當蚜蟲的保鏢。

一模一樣

圖中的豌豆蚜正在繁殖，生下來的若蟲，幾乎跟母蚜一模一樣，只不過體型比較小。若蚜很快就能開始繁殖，不過因為沒有爸爸，所以完全是母蚜的翻版。

母蚜在一生中，
每天都能生下
12 隻若蚜。

忙碌的蜂
蜜蜂

對人類來說，沒有比蜜蜂更重要的昆蟲了。幾千年來，蜜蜂一直是備受重視的蜂蜜生產者，也是農夫的超級助手，肩負作物授粉的重責大任。蜜蜂是群居動物，整個蜂巢由唯一一隻蜂后所統治。蜂后負責產卵，其他蜜蜂全是牠的後代子孫。

蜜蜂有兩對翅膀，翅膀之間有細鉤連結，因此能夠同時活動。

製造蜂蜜

外出覓食成功的蜜蜂，帶著富有糖分的花蜜回到蜂巢，並把花蜜交給其他蜜蜂。這些蜜蜂負責在花蜜中加入酵素，改變花蜜的化學組成。然後蜜蜂會把甜滋滋的花蜜放在蠟質的蜂房中，並用翅膀搧風，蒸發花蜜中大部分的水分。儲存起來的蜂蜜就是整個蜂群度過冬天的食物。

工蜂有尖銳帶刺的螫針，用來防衛蜂巢。

蜜蜂兩隻後腳上各有一個剛毛形成的墊狀構造，用來盛裝花粉，所以又叫做花粉籃。

蜜蜂訪花覓食的時候，毛茸茸的身體可以留住花粉。

一目了然

- **體型** 2 公分長
- **棲地** 森林、草地、農場和花園
- **分布** 源自於亞洲東部，但已引進到世界各地
- **食物** 成蟲吸食花蜜；幼蟲則吃蜂蜜和花粉

後腳的下半部非常強壯，可以把花粉團擠壓成碎粒。

不可或缺的服務

蜜蜂從花朵中蒐集花蜜，製成蜂蜜。在訪花的過程中，蜜蜂身上會沾滿花粉，飛到另一朵花時，也同時完成了授粉的工作。蜜蜂是無可挑剔的授粉者，也會蒐集花粉來餵養幼蟲。

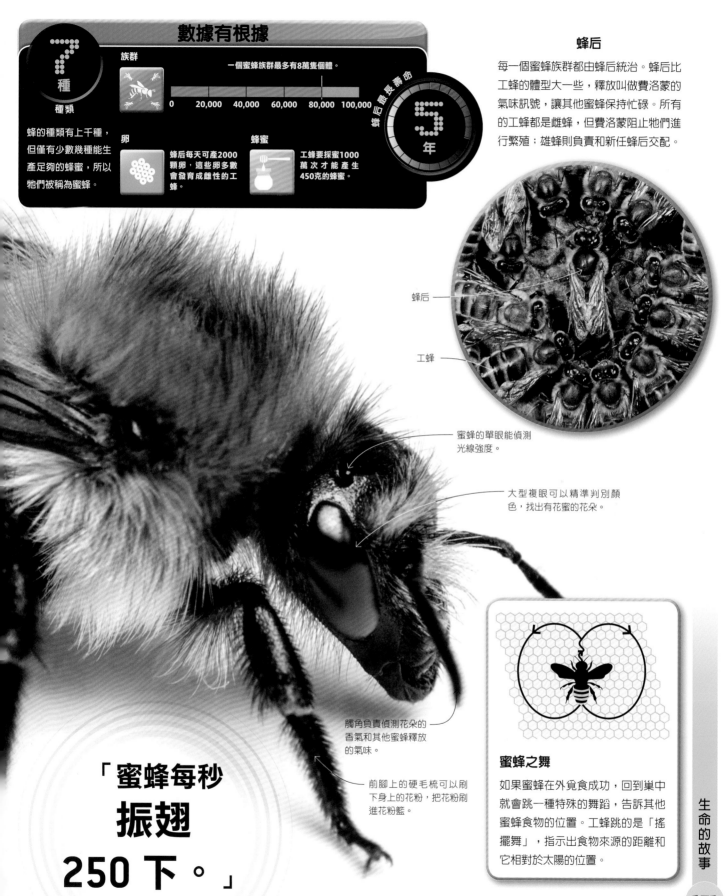

7
種

種類

蜂的種類有上千種，但僅有少數幾種能生產足夠的蜂蜜，所以牠們被稱為蜜蜂。

族群

一個蜜蜂族群最多有8萬隻個體。

0 20,000 40,000 60,000 80,000 100,000

卵

蜂后每天可產2000顆卵，這些卵多數會發育成雌性的工蜂。

蜂蜜

工蜂要採蜜1000萬次才能產生450克的蜂蜜。

蜂后最長壽命

5
年

蜂后

每一個蜜蜂族群都由蜂后統治。蜂后比工蜂的體型大一些，釋放叫做費洛蒙的氣味訊號，讓其他蜜蜂保持忙碌。所有的工蜂都是雌蜂，但費洛蒙阻止牠們進行繁殖；雄蜂則負責和新任蜂后交配。

蜂后

工蜂

蜜蜂的單眼能偵測光線強度。

大型複眼可以精準判別顏色，找出有花蜜的花朵。

觸角負責偵測花朵的香氣和其他蜜蜂釋放的氣味。

前腳上的硬毛梳可以刷下身上的花粉，把花粉刷進花粉籃。

「蜜蜂每秒振翅250下。」

蜜蜂之舞

如果蜜蜂在外覓食成功，回到巢中就會跳一種特殊的舞蹈，告訴其他蜜蜂食物的位置。工蜂跳的是「搖擺舞」，指示出食物來源的距離和它相對於太陽的位置。

「12 隻工蜂一輩子
工作的成果，只能產生
一茶匙的蜂蜜。」

工蜂

蜜蜂族群中最大多數的成員是工蜂，也就是不會生育的雌蜂。最年輕的工蜂負責餵食幼蟲和製造蜂蜜。隨著年齡漸長，工蜂改為負責清理蜂房，以及修補損壞的地方。年紀最長的工蜂群才能飛出蜂巢，蒐集花蜜和花粉。圖中剛孵化的雄蜂正從蜂房探出頭來，由年輕的工蜂把液體食物餵給牠吃。

沙漠集水者
納米比擬步行蟲

這種聰明的長腳甲蟲找到一種獨特的方法，讓牠能在非洲西南部乾燥荒僻的納米比沙漠存活。納米比沙漠唯一的水分來源是從大西洋漂來的濃霧。清晨時分，納米比擬步行蟲爬上沙丘頂端，伸直修長的後腳，把尾部抬得高高的，然後靜靜等待。慢慢地，霧氣逐漸在擬步行蟲的身上形成水滴，等水滴越來越大，越來越重，就會順著身體流進嘴巴，讓牠暢飲迫切需要的水分。

一目了然

- 體型 2 公分長
- 棲地 沙漠和沙丘
- 分布 非洲西南部
- 食物 風吹來的種子或植物組織的碎片

數據有根據

約 **4** 種 種類

收集水分的擬步行蟲有好幾種：全都出沒在納米比沙漠。

成蟲壽命

3-4 個月

活動時間
沙漠的空氣在夜間冷卻下來，這種甲蟲主要主要在這時才開始活動。

防禦
有些擬步行蟲會朝敵人噴射難聞的液體。

策略
有些種類的擬步行蟲會在沙裡挖掘溝渠，用來保留雨水和霧中的水分。

棲地
納米比沙漠的年降雨量不到10公釐。

珍貴的資源
這種沙漠甲蟲堅韌的表皮上覆有一層蠟質,防止體內的水分流失,同時也有防水的功能,而圖中的倒立法則確保甲蟲不浪費任何一滴水。

潛水蜘蛛

水蛛

蜘蛛無法在水底下呼吸，不過水蛛自有牠的方法：隨身攜帶著一顆供應空氣的氣泡，讓牠在水底捕獵的時候也能呼吸。水蛛甚至在水中打造家園——結構緊密的鐘形蜘蛛網，繫在池塘植物上，裡面藏了一顆巨大的氣泡。水蛛從水面攜帶空氣到水下，補充網中的空氣，而周圍水域中的氧氣也會進入氣泡中。水蛛會在水下的網中大啖獵物，雌蛛也會把它當成育幼場所，照顧卵和後代。

一目了然

- **體型** 18 公釐長
- **棲地** 池塘、湖泊、沼澤和水流緩慢的溪流
- **分布** 歐洲和亞洲北部
- **食物** 小型的水生動物

數據有根據

種類

水蛛非常獨特，只有一種。

最長壽命

2 年

卵

雌蛛每年最多產六窩卵，每窩有 50-100 顆卵。

幼蛛

幼蛛孵化之後，會留在水中的家園中四星期，之後才開始獨立生活。

潛水

遇到寒冷的冬天，水蛛會潛到更深的水底過冬。

防禦

受到威脅時，水蛛會用讓對手疼痛的咬合力道和毒液反擊。

住在氣泡裡
雄水蛛的體型比雌水蛛大，在蜘蛛界是很少見的情況。不過雄蛛打造的水下家園比雌蛛的要小，因為牠在家的時間也比較短。圖中的雄蛛正在離開牠的氣泡，準備和雌蛛相會。

殺手級毛蟲
霾灰蝶

有的蝴蝶藏著黑暗的祕密。霾灰蝶的成蟲只吸食花蜜，但在生命的早期，卻是專吃其他昆蟲的殺手。許多蝴蝶的幼蟲捕食螞蟻，霾灰蝶就是其中一種。霾灰蝶的幼蟲會誘騙一種特定的紅蟻，讓紅蟻把牠帶回蟻巢中，在蟻巢裡待上好幾個月，大吃特吃無助的紅蟻幼蟲，最後羽化成在陽光下翩翩飛舞的蝴蝶。

翅膀摺疊時，也把上面的亮藍色隱藏了起來。

早期生活

雌性灰霾蝶在每一株野生百里香上只產一顆卵。孵化後的幼蟲會在百里香上進食三個星期，然後掉落到地面上，並分泌含有糖分的液體，吸引螞蟻來把牠帶回巢裡。

有條紋的長觸鬚偵測空氣的流動和隨風飄散的氣味。

一目了然

大大的複眼讓蝴蝶找到交配對象。

吸食甜甜的花蜜時，原本捲起的管狀舌頭就會鬆開伸直。

- **體型** 翅展達 5 公分寬
- **棲地** 有短草和大量野生百里香的向陽坡
- **分布** 歐洲和亞洲北部
- **食物** 幼蟲吃野生的百里香及紅蟻的幼蟲；成蟲吸食花蜜

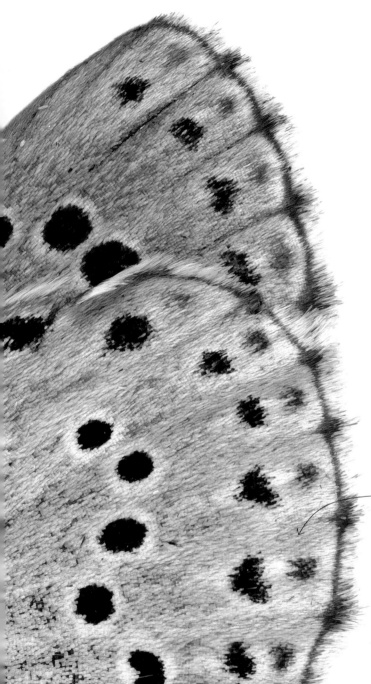

細小的鱗片構成翅膀的色彩和圖案。

詐欺大師

霾灰蝶幼蟲模仿螞蟻幼蟲的行為來欺騙螞蟻，還能釋放有螞蟻幼蟲氣味的化學物質，甚至會學蟻后發出的聲音。這些伎倆都能騙倒螞蟻，讓牠們到處忙著找尋殺手。

① 搬回家

霾灰蝶幼蟲先用甜滋滋的分泌物吸引螞蟻前來，再模擬螞蟻幼蟲的行為，使螞蟻受騙，把殺手帶回巢中。

② 致命的客人

一旦進入螞蟻的巢穴，霾灰蝶的幼蟲就搖身一變，成了凶猛的捕食者，開始抓螞蟻的幼蟲，把牠們吃下肚。大約經過九個月，霾灰蝶幼蟲就會變成蛹，接著羽化成蝴蝶，爬出蟻巢。

「霾灰蝶只靠 進食一種螞蟻 存活。」

翩翩飛舞

成年的霾灰蝶非常美麗，由少數個體組成群居族群，一生幾乎都不會遠離幼蟲孵化的地點。成蝶的壽命只有幾週——只足夠牠們吸引交配對象和產卵。

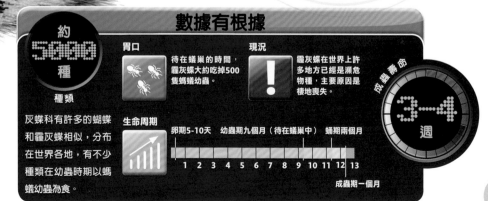

數據有根據

約 5000 種

種類

灰蝶科有許多的蝴蝶和霾灰蝶相似，分布在世界各地，有不少種類在幼蟲時期以螞蟻幼蟲為食。

胃口

待在蟻巢的時間，霾灰蝶大約吃掉500隻螞蟻幼蟲。

現況

霾灰蝶在世界上許多地方已經是瀕危物種，主要原因是棲地喪失。

生命周期

卵期5-10天　　幼蟲期九個月（待在蟻巢中）　　蛹期兩個月

1 2 3 4 5 6 7 8 9 10 11 12 13

成蟲期一個月

成蟲壽命 3-4 週

紡絲高手
野蠶蛾幼蟲

所有的蛾和蝶在生命的開始，都是一隻軟綿綿的幼蟲，胃口奇大無比。隨著時間過去，幼蟲變成蛹——也就是幼蟲轉變為成蟲的過渡期。蛹通常都有絲紡織成的繭保護。絲是非常珍貴的纖維，而蠶蛾幼蟲產的絲特別多，因此成為了巨大產業——蠶絲業的基礎。

蛻皮和紡絲
蠶絲業所用的家蠶，祖先其實就是野蠶。野蠶幼蟲有強壯的大顎，可以大吃特吃，而且生長速度極快，開始紡絲化蛹之前，會經歷四次蛻皮。

腦

觸角

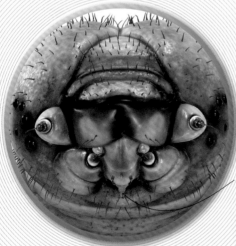

吐絲口

野蠶蛾幼蟲有兩處小型單眼叢集的地方，但無法看清楚物體的細節。

身體前面的部分有六隻真足，每一隻的前端都有利爪。

嶄新的絲線

許多昆蟲和蜘蛛都能產生絲線，但野蠶的產絲量是數一數二大。幼蟲體內的絲腺製造絲線，再從口部下方的吐絲口擠出濃稠的黏液。黏液遇到空氣後變成固體，形成兩道絲線的纖維，接著黏合在一起，形成一條單一的絲線。

數據有根據

約 **150** 種
種類

蠶蛾科的家族成員廣泛分布在歐洲以外的世界各地，在熱帶地區最常見。

卵

雌蠶蛾在五天內約產下500顆卵，然後死去。

幼蟲

幼蟲不斷進食桑葉，約在35天後成長到幼蟲最大的體型。

繭

幼蟲要花三天的時間，用2000公尺長的絲線把自己纏繞起來。

絲線

製作一件蠶絲上衣大約需要用1000個蠶繭來製成布料。

幼蟲壽命

45 天

生命周期

蠶絲衣物的原料是家蠶產生的絲線。家蠶是野蠶的一種，育種的目的是為了生產蠶絲——愈多愈好。蠶從卵孵化之後，立刻開始吃桑葉——牠唯一的食物。蠶完全長大後，開始造繭，在繭裡面轉變成蛾。最後，蛾破繭而出，開始尋找交配對象，雌蛾負責產卵。

卵

毛蟲

繭

蛹

不能消化的食物通過後腸，多餘的水分由後腸吸收。

十隻肉質的原足支撐幼蟲的後半身，每隻原足的末端有吸盤，用來吸住樹葉。

連接腦的神經索從幼蟲的頭延伸到尾。

中腸占了幼蟲體內大部分的空間，負責儲藏並消化幼蟲進食的桑葉。

身體的兩側有巨大的絲腺，產生液態的絲線。

「人類採收蠶繭上的絲已經有 **5000** 年的歷史。」

蠶的故事

家蠶養在托盤中，吃切碎的桑葉，在托盤裡造繭，這麼一來，人類採繭的工作就簡單多了。採收後的蠶繭泡在熱水裡軟化，等纏繞的蠶絲線鬆解開，再把蠶絲繞在線軸上。每一根絲線纖維都非常纖細，所以要把八根纖維紡成一條用來製造布料的絲線。

突襲隊

南美洲的行軍蟻大軍穿越森林地面，成群結隊打獵，對行進路上的任何動物發動殺戮攻擊；一天就可以吃掉50萬隻獵物。圖中由工蟻組成的突襲大軍正在找尋目標；兵蟻有大而彎曲的顎，負責護衛。

劫掠大軍
行軍蟻

所有螞蟻都是成居住的昆蟲，而且通常會打造固定的巢穴。不過生活在熱帶的行軍蟻是捕食者，族群非常龐大，獵物很快就不夠吃，所以需要經常在森林裡轉移新陣地。行軍蟻從來不築巢，而是蟻群自己形成的一種「活動巢」：眾多工蟻彼此把腳連在一起，搭建而成。蟻后和幼蟲就住在活動巢中，其他的工蟻則負責外出覓食。蟻后在產卵期間，蟻群暫時留在同一個地方，等卵孵化後，再開始行進，因為飢餓的幼蟲需要進食。

一目了然

- **體型** 兵蟻可達 12 公釐長；工蟻體型較小
- **棲地** 熱帶雨林
- **分布** 南美洲
- **食物** 主要吃昆蟲、蜘蛛、蠍子，有時也吃蜥蜴和小型哺乳類

數據有根據

200 種以上
種類
許多的熱帶螞蟻種類，捕食方式都和行軍蟻一樣。

工蟻壽命

數月

活動時間

行軍蟻繁殖和遷徙的一次周期固定為35天。

天	5	10	15	20	25	30	35

蟻群每晚都轉移陣地。　　　蟻后產卵時，蟻群暫時不移動，留在原地。

速度
行軍蟻的行軍速度約為每小時20公尺。

突襲隊

突襲隊隊伍長100公尺，寬20公尺。

昆蟲建築師
紙胡蜂

許多動物都會打造精緻的家園，不過很少有動物比得上紙胡蜂驚人的建築能力。 紙胡蜂咀嚼木漿造紙，打造巢穴。每個巢穴都由許多蜂房組成，蜂房中有卵，孵化後就是胡蜂幼蟲。胡蜂會餵養幼蟲，直到幼蟲化蛹——也就是準備轉變為成蟲的階段。

隱蔽的蛹

工蜂把咀嚼過的昆蟲餵給幼蟲吃。幼蟲完全長成後，就開始紡織絲蓋，把自己封在蜂房中，變成無翅的蛹，最後羽化為成年的胡蜂。

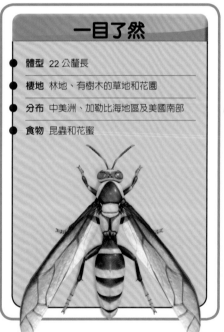

一目了然

- **體型** 22 公釐長
- **棲地** 林地、有樹木的草地和花園
- **分布** 中美洲、加勒比海地區及美國南部
- **食物** 昆蟲和花蜜

蜂后在每一個蜂房裡產卵。

打造巢穴

蜂后負責打造蜂巢最初的幾個蜂房，用修長的柄狀構造掛在樹枝上。第一批工蜂孵化後，就接手打造蜂巢的工作，增加蜂房的數量，讓蜂后有地方產更多的卵。工蜂也負責覓食，並用螫針守衛蜂巢。

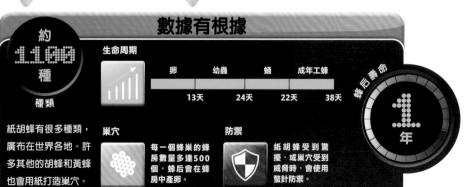

胡蜂幼蟲的外型像蛆，住在開放式的蜂房裡。

數據有根據

約 1100 種 種類

紙胡蜂有很多種類，廣布在世界各地。許多其他的胡蜂和黃蜂也會用紙打造巢穴。

生命周期

卵	幼蟲	蛹	成年工蜂
13天	24天	22天	38天

蜂后壽命 1 年

巢穴

每一個蜂巢的蜂房數量多達500個，蜂后會在蜂房中產卵。

防禦

紙胡蜂受到驚擾，或巢穴受到威脅時，會使用螫針防禦。

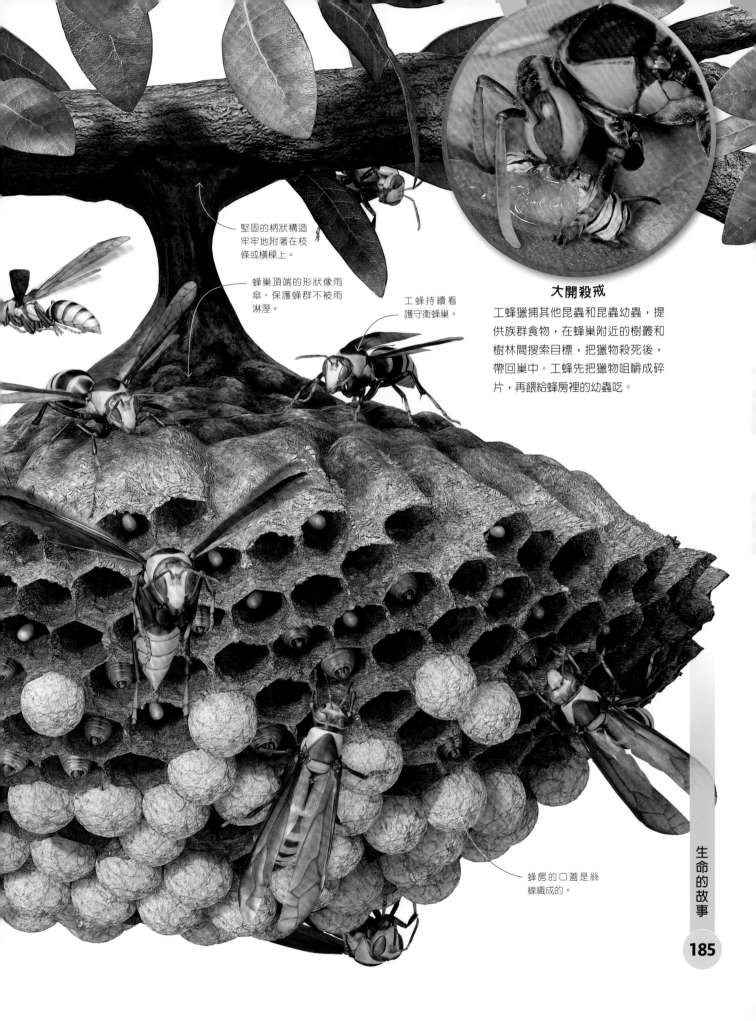

堅固的柄狀構造
牢牢地附著在枝
條或橫樑上。

蜂巢頂端的形狀像雨
傘，保護蜂群不被雨
淋溼。

工蜂持續看
護守衛蜂巢。

大開殺戒

工蜂獵捕其他昆蟲和昆蟲幼蟲，提
供族群食物，在蜂巢附近的樹叢和
樹林間搜索目標，把獵物殺死後，
帶回巢中。工蜂先把獵物咀嚼成碎
片，再餵給蜂房裡的幼蟲吃。

蜂房的口蓋是絲
線織成的。

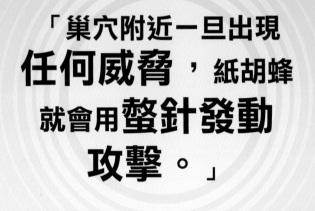

「巢穴附近一旦出現**任何威脅**，紙胡蜂就會用**螫針發動攻擊**。」

殺手特質

紙胡蜂是捕食者，利用巨大的複眼尋找昆蟲獵物，提供食物給蜂后和幼蟲。有毒的螫針和鋸齒狀的顎，能致獵物於死地，並把獵物切成碎片。成年胡蜂無法吃固體食物，在餵食飢餓的幼蟲時，會先把食物嚼碎，並吞下一些獵物的體液。

最大的族群

搭便車

切葉蟻的工蟻忙著把樹葉碎片帶回家的同時，體型較小的工蟻會搭個順風車，也保護忙著採集的工蟻，不讓寄生蠅等敵人騷擾。而體型更大的兵蟻則負責守衛巢穴。

眞菌農夫
切葉蟻

在中美洲的熱帶森林，樹木不斷遭到切葉蟻攻擊。 切葉蟻利用尖銳的顎剪碎葉片，再帶回地下的巢穴，不過牠其實無法消化這些碎葉，而是把碎葉當成種植眞菌的溫床。眞菌才是切葉蟻的食物，用來餵養蟻后和牠的後代。這個系統運作得非常好，足以支持蟻巢中幾百萬隻切葉蟻存活，有些切葉蟻的蟻巢比一棟房子還大。

一目了然

- **體型** 工蟻 2-14 公釐長；蟻后約 22 公釐長
- **棲地** 熱帶森林和森林中的空地
- **分布** 主要分布在中美洲和南美洲
- **食物** 負責採葉的工蟻吃花蜜；其他切葉蟻吃巢內種植的眞菌

數據有根據

約 47 種 種類

切葉蟻只分布在美洲的熱帶和亞熱帶地區。

蟻后壽命

14 年

卵
蟻后一生產下約 1 億 5000 萬顆卵。

族群
一個蟻巢內的個體數量最多達 800 萬隻。

巢穴大小
一個成熟的切葉蟻巢已寬達 30 公尺，深達 7 公尺。

策略
切葉蟻行進時會排成長長的直線，一路上留下氣味，讓同伴找到回家的路。

大肆破壞
沙漠蝗蟲

沒有任何一種蟲的破壞力比得上沙漠蝗蟲。一群沙漠蝗蟲在幾小時內，就能夠把整片農地吃得光禿禿一片。不過蝗蟲也並不是總會引起這麼大的破壞。有些蝗蟲一輩子過著獨居生活，是對人類完全無害的昆蟲，只有在繁殖速度太快，導致食物不夠時，才會飢餓到大群地聚集在一起。

為了適應長距離飛行，沙漠蝗蟲演化出比身體還長的翅膀。

叫做氣管的管子，負責輸送維持生命必須的氧氣到蝗蟲的內臟。

後腸

馬氏管移除血液中的廢棄物。

每個體節內都有主要神經索，主要神經索中的膨脹神經節負責傳遞神經訊號。

後腿有強壯的肌肉，提供沙漠蝗蟲跳躍的力量。

狂吃不停
蝗蟲就是蚱蜢的一種。沙漠蝗蟲的體型跟草地蚱蜢沒什麼差別，有一對長長的翅膀和強而有力的後腳，用來跳躍。沙漠蝗蟲和所有蚱蜢一樣，是草食性的昆蟲，體內有很大的消化系統，可以處理難以消化的植物。

數據有根據

約 **12** 種
群居型蝗蟲

沙漠蝗蟲是蚱蜢之下的一個小分類群，有時候會改變行為模式，大量地聚集，形成龐大的群體。

距離　　　　　　　　蝗蟲大軍一天可以飛130公里。
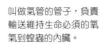

公里	50	100	150
英里	31	62	93

壽命 **3-5** 個月

卵
雌蟲用腹部探測土壤，並挖掘坑洞，把卵鞘產裡面。一個卵鞘內可能有多達100顆卵。

若蟲
新生的若蟲總共有五個發育階段，每經過一個階段，體型就會變得比之前更大。

一目了然

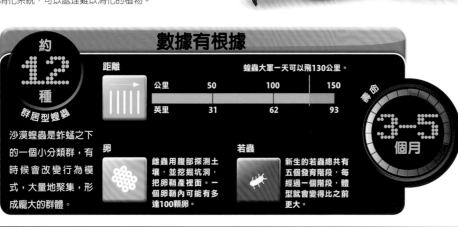

● **體型** 7.5 公分長

● **棲地** 草地和沙漠

● **分布** 非洲、中東地區和亞洲南部

● **食物** 樹葉

烏雲罩頂

剛孵化的蝗蟲若蟲沒有翅膀，和雙親一樣進食植物，有可能獨自進食，直到進入成蟲階段。但是如果太多若蟲同時孵化，變得太過擁擠，造成食物不夠，蝗蟲就會改變體色，成群聚集在一起，像黑潮一樣把地面淹沒，把一路上所有的食物都吃個精光——直到變成有翅的成蟲，一舉飛向天空。

獨居的蝗蟲

成群移動的蝗蟲

最大群的昆蟲

胸部上方有板塊狀，且具有保護作用的前胸盾板。

嗉囊負責儲存經蝗蟲咀嚼過後的植物。

複眼

主動脈的腔室功能就像心臟，負責促血液從後方往前流。

這隻蝗蟲的顏色粉嫩，代表才剛轉變為成蟲，逐漸成熟後，就會變成亮黃色。

食物在中腸完全消化，營養也在中腸吸收到血液中。

唾腺產生唾液，開始消化食物的過程。

展翅高飛

和所有蚱蜢一樣，成熟的沙漠蝗蟲也有翅膀，讓大群的蝗蟲能夠長距離飛越乾燥貧脊的土地。蝗蟲經常乘著風勢往前飛。風是往低壓區流動的空氣，代表沙漠蝗蟲的目的地可能快要下雨，有許多新鮮食物可以吃。

大顎有關節，可以左右移動，像鉗子一樣進行咬合的動作。

強壯的大顎

蝗蟲以樹葉為食，樹葉含有難以消化的植物纖維。蝗蟲利用一對尖銳的顎把樹葉咬成碎片，加以咀嚼，讓樹葉釋放出有養分的汁液。大顎兩旁有可活動的短鬚，負責碰觸食物，品嘗味道，看看到底能不能吃。

數大就是力量

大量蝗蟲聚集是很罕見的情況，然而一旦發生，很可能造成災難。一個群體可能由數十億隻飢餓的蝗蟲組成，每一隻一天都能吃下相當於自己體重的食物。如果蝗蟲群在樹上停下來，保證吃得一片葉子也不剩；如果降落在作物田裡，作物就會被徹底摧毀。在非洲和亞洲，大群的蝗蟲會吃光所有作物，造成饑荒的災難。

「一群沙漠蝗蟲最多有
400 億隻個體。」

高高在上

圖中的小狼蛛剛剛孵化，爬出絲狀的卵囊後，就爬到媽媽的背上，跟著媽媽活動大約一週，直到第二次蛻皮結束，然後就開始獨立生活。

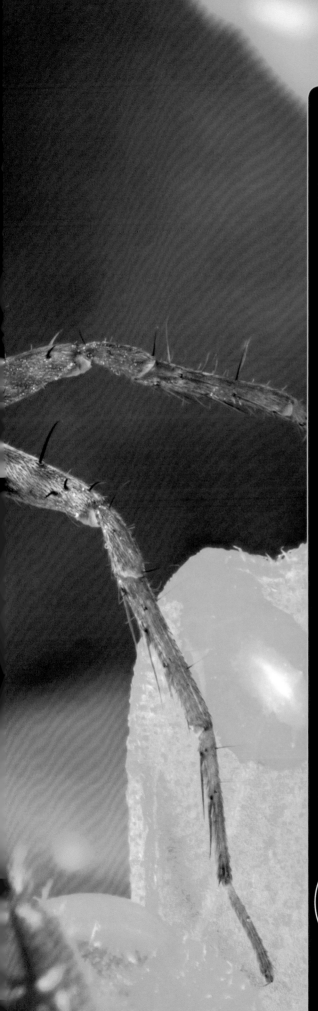

揹著寶寶走
細腳狼蛛

狼蛛是動作敏捷靈活的捕食者，依賴視力在地面捕獵。交配期間，敏銳的視力也會派上用場，因為雄蛛會用又大又黑的毛茸茸觸肢比畫，企圖吸引雌蛛的注意。成功的話，雄蛛和雌蛛就會交配。雌蛛身體的末端有一顆大絲球，連接在吐絲口上，裡面是雌蛛的卵。不管到哪，雌蛛都帶著卵。幼蛛孵化後，雌蛛也會揹著幼蛛移動，直到牠們能夠自己捕食為止。

一目了然

- **體型** 8 公釐長
- **棲地** 草地、林地和多岩石的地區
- **分布** 世界各地
- **食物** 昆蟲

數據有根據

約 500 種

種類
在世界各地適合棲地，都能發現體型小的細腳狼蛛在地面上捕食。

壽命

2-3 年

卵
雌蛛會利用陽光替卵囊加溫，加速幼蛛孵化的速度，每次大約有50-100隻幼蛛孵化。

活動時間
主要在夜間活動，細腳狼蛛是單獨行動的捕食者，有的種類會等待時機，突擊經過的獵物。

雌蛛
如果雌蛛遺失了卵袋，會急著盡快找回。

防禦
細腳狼蛛會咬傷敵人，使敵人疼痛無比，也使用保護色偽裝自己。

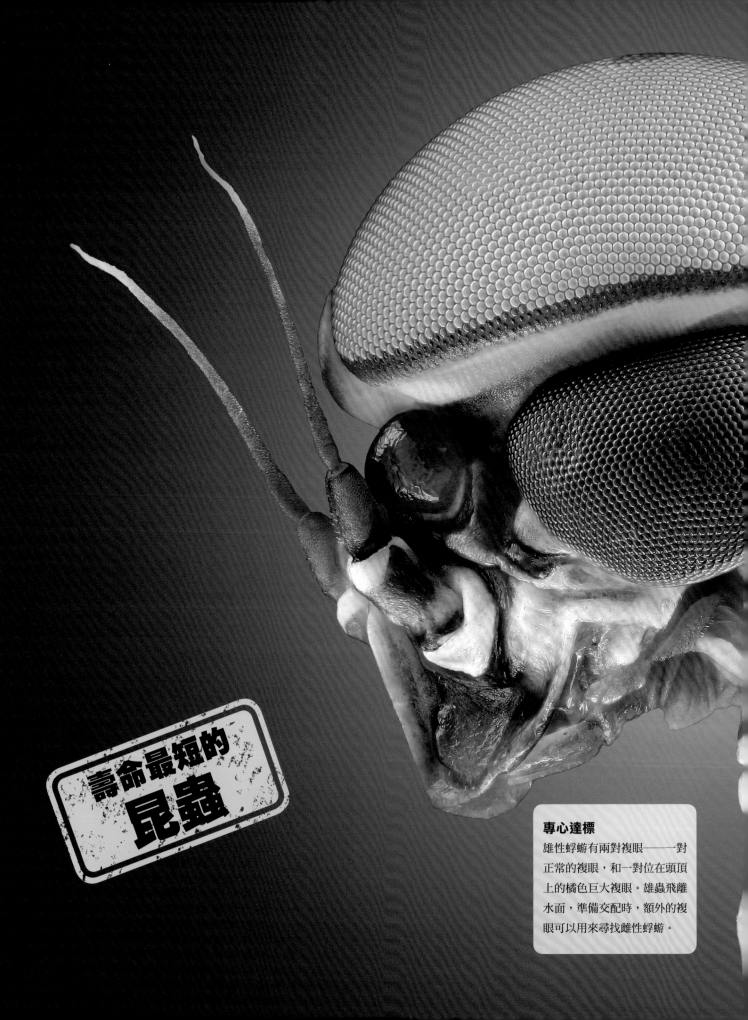

壽命最短的昆蟲

專心達標

雄性蜉蝣有兩對複眼——一對正常的複眼，和一對位在頭頂上的橘色巨大複眼。雄蟲飛離水面，準備交配時，額外的複眼可以用來尋找雌性蜉蝣。

只活一天
蜉蝣

對蜉蝣的成蟲來說，時間非常寶貴。有的蜉蝣成蟲只有幾分鐘的壽命；少數可以活超過一天。成蟲階段是蜉蝣生命中短暫的最後一章。蜉蝣的稚蟲在水中生長和進食，度過數年的水生生活。到了生命的盡頭，蜉蝣稚蟲轉變成有翅成蟲。成蟲完全無法進食，唯一的目標就是交配和產卵，整個過程只需要幾個小時——任務完成後就會死亡。

一目了然

- **體型** 12 公釐長
- **棲地** 湖泊、溪流和其他淡水水域棲地
- **分布** 除了南極洲，世界各地都有分布
- **食物** 成蟲不進食；水生稚蟲主要吃植物組織，有些種類的稚蟲是捕食者

數據有根據

約 36000 種

種類
蜉蝣是地球上最古老的昆蟲之一，已經存在超過3億年。

成蟲壽命
一般 1-2 天

破紀錄

史上最大的蜉蝣，大約出現在3億年前，翅展有45公分寬。

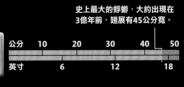

公分	10	20	30	40	50
英寸	6		12		18

卵
雌蜉蝣在短短的一生中，能在水中產下最多3000顆卵。

防禦
蜉孵化時，單單是數量就足以壓倒捕食者。

掌握完美時機
周期蟬

許多昆蟲一生大部分的時間，都是一隻躲在地道中挖掘的幼蟲。有些周期蟬的幼蟲在地底下生活長達17年，然後才離開地道，羽化成有翅的成蟲，但成蟲的壽命只有短短的幾週。不可思議的是，生活在附近的周期蟬會在同年的同一個時間羽化，然後再度消失17年，直到下一次的大規模的集體羽化。

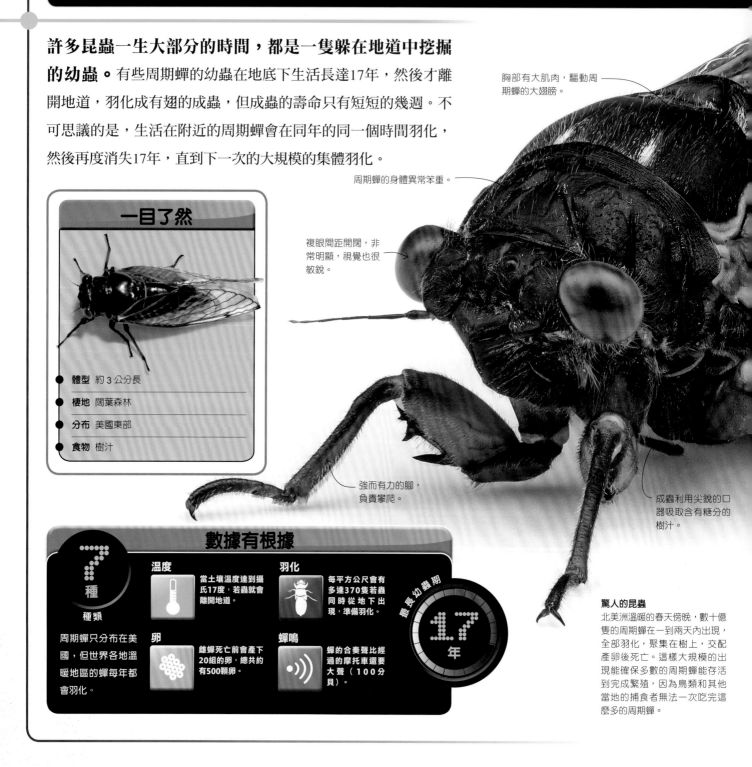

胸部有大肌肉，驅動周期蟬的大翅膀。

周期蟬的身體異常笨重。

複眼間距開闊，非常明顯，視覺也很敏銳。

成蟲利用尖銳的口器吸取含有糖分的樹汁。

強而有力的腳，負責攀爬。

一目了然

● **體型** 約 3 公分長

● **棲地** 闊葉森林

● **分布** 美國東部

● **食物** 樹汁

數據有根據

7 種
種類

周期蟬只分布在美國，但世界各地溫暖地區的蟬每年都會羽化。

溫度
當土壤溫度達到攝氏17度，若蟲就會離開地道。

卵
雌蟬死亡前會產下20組的卵，總共約有500顆卵。

羽化
每平方公尺會有多達370隻若蟲同時從地下出現，準備羽化。

蟬鳴
蟬的合奏聲比經過的摩托車還要大聲（100分貝）。

最長幼蟲期
17 年

驚人的昆蟲
北美洲溫暖的春天傍晚，數十億隻的周期蟬在一到兩天內出現，全部羽化，聚集在樹上，交配產卵後死亡。這樣大規模的出現能確保多數的周期蟬能存活到完成繁殖，因為鳥類和其他當地的捕食者無法一次吃完這麼多的周期蟬。

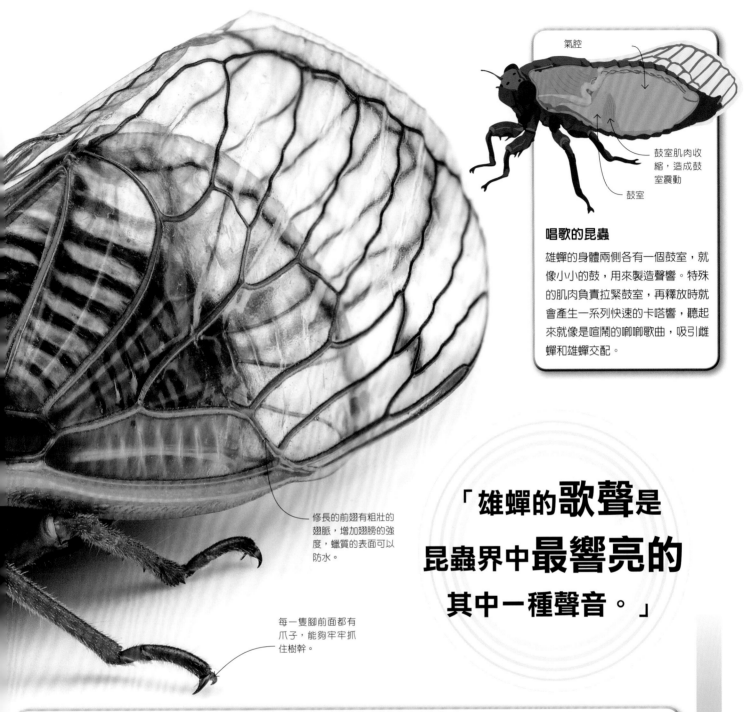

氣腔

鼓室肌肉收
縮,造成鼓
室震動

鼓室

唱歌的昆蟲

雄蟬的身體兩側各有一個鼓室,就
像小小的鼓,用來製造聲響。特殊
的肌肉負責拉緊鼓室,再釋放時就
會產生一系列快速的卡嗒響,聽起
來就像是喧鬧的唧唧歌曲,吸引雌
蟬和雄蟬交配。

修長的前翅有粗壯的
翅脈,增加翅膀的強
度,蠟質的表面可以
防水。

每一隻腳前面都有
爪子,能夠牢牢抓
住樹幹。

「雄蟬的**歌聲**是
昆蟲界中**最響亮的**
其中一種聲音。」

像時鐘一樣準時

有的周期蟬在地底下發育17年,
有的則是13年。這些若蟲以相同
的速率生長,最後同時出現,爬上
樹木。雄蟬的歌聲在空氣中迴盪,
吸引雌蟬;雌蟬則在樹上產卵。卵
一旦孵化,若蟲就會掉落到地面,
開始挖掘,躲進地道,等待13年
或17年後才再次爬出地面。

若蟲挖掘地道
周期蟬的若蟲會在地下待很久的時
間,吸食樹根的汁液。到重見天日
的時機終於來臨,若蟲就會掘開土
壤,爬到地面上。

羽化
深色的若蟲爬到樹木或植株上,進
行最後一次蛻皮,準備羽化成為有
翅的成蟲。

重新開始
剛羽化的成蟲身體非常柔軟,表皮
的顏色很淡,但是表皮會逐漸硬
化,轉變成黑色。翅膀伸展開來後,
周期蟬就可以飛向空中,尋找交配
對象。

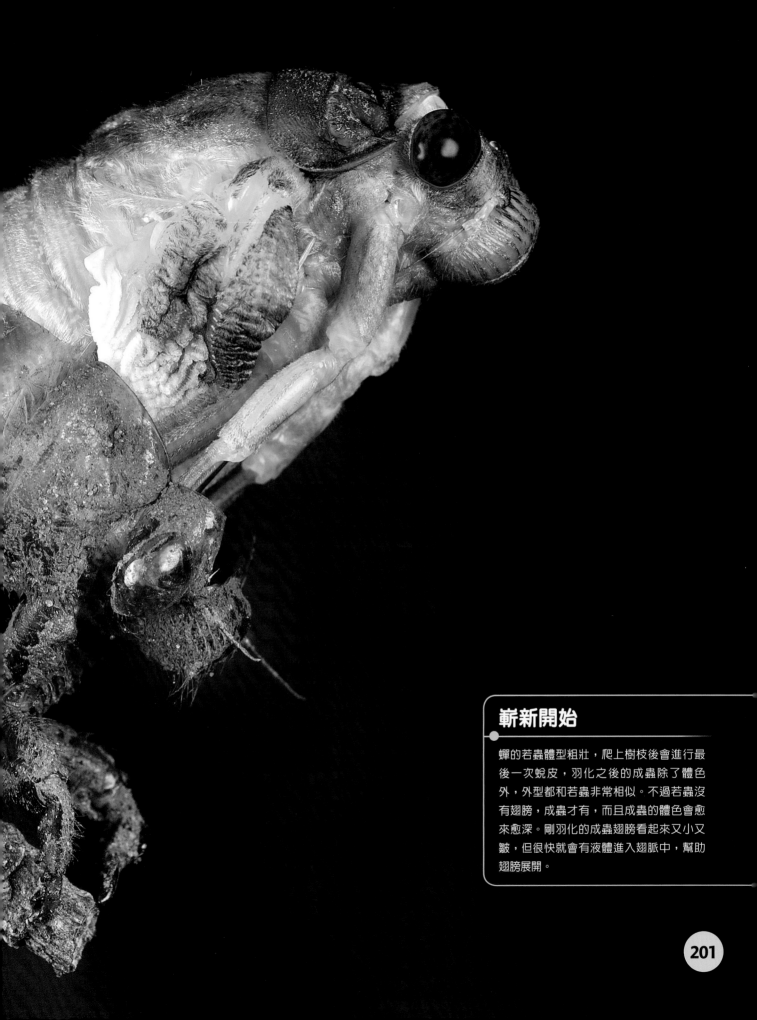

嶄新開始

蟬的若蟲體型粗壯，爬上樹枝後會進行最後一次蛻皮，羽化之後的成蟲除了體色外，外型都和若蟲非常相似。不過若蟲沒有翅膀，成蟲才有，而且成蟲的體色會愈來愈深。剛羽化的成蟲翅膀看起來又小又皺，但很快就會有液體進入翅脈中，幫助翅膀展開。

護幼行為

大田鱉

很多昆蟲在產卵後就把卵棄之不顧。但有的大田鱉不太一樣，因為雌蟲會小心翼翼地把卵黏在雄蟲的背上。雄蟲會揹著卵，一直到幼蟲孵化，確保沒有任何捕食者吃了牠的後代。幼蟲會長成凶猛的捕食者，專門攻擊昆蟲、青蛙和魚類，利用強壯有力，有攫捉能力的前腳釘住獵物的身體，再把尖銳的口器刺入獵物體內，注射特殊的唾液，使獵物癱瘓，並溶解獵物的血肉，再吸食消化。

一目了然

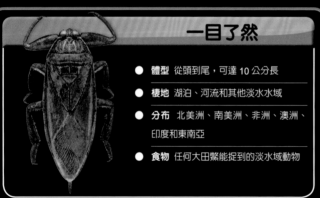

- **體型** 從頭到尾，可達 10 公分長
- **棲地** 湖泊、河流和其他淡水水域
- **分布** 北美洲、南美洲、非洲、澳洲、印度和東南亞
- **食物** 任何大田鱉能捉到的淡水域動物

數據有根據

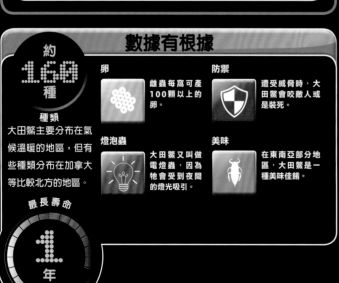

約 160 種

種類
大田鱉主要分布在氣候溫暖的地區，但有些種類分布在加拿大等比較北方的地區。

卵
雌蟲每窩可產 100 顆以上的卵。

燈泡蟲
大田鱉又叫做電魚蟲，因為牠會受到夜間的燈光吸引。

防禦
遭受威脅時，大田鱉會咬敵人或是裝死。

美味
在東南亞部分地區，大田鱉是一種美味佳餚。

最長壽命
1 年

後代誕生

雄蟲把卵揹在背上兩週後，幼蟲就開始孵化。圖中一隻小小的幼蟲從卵中冒出來，而在其他卵的表面，也能看見幼蟲黑色的眼點，表示牠們即將孵化。

名詞解釋

腹部
動物身體的後半部，內有消化器官。

麻醉劑
可以麻痺痛覺的物質。有的昆蟲叮咬時會一併注入麻醉劑，這樣獵物就不會有任何感覺。

觸角
一對修長而且可以移動的感覺器官，用來偵測氣流和空氣中的化學物質。

水生
生活在水中。生活在水中的蟲子包括水生甲蟲和水蜱。有些昆蟲，例如蜻蜓和蜉蝣，在生命初期生活在水中，但轉變為成蟲後就會離開水域，飛向空中。

蛛形綱
蜘蛛或蠍子等有鉗狀口器和四對足的動物。

節肢動物
有外骨骼、關節足，而且沒有脊椎的動物。節肢動物包括昆蟲、蜘蛛和甲殼動物，如龍蝦和螃蟹。

偽裝
生物身上可以讓牠和背景融為一體的顏色或形狀。

遺骸
死亡或腐敗的動物屍體，是許多蟲子的重要食物。

毛蟲
蝴蝶或蛾的幼蟲，身體柔軟、無翅。

螯肢
蜘蛛、蠍子或相似蛛形綱生物的大顎狀口器。

幾丁質
形成節肢動物堅硬外骨骼的物質。

繭
動物製造的保護性結構，成分通常是絲。

族群
一群群居在一起的同種動物或生物。螞蟻和蜜蜂就是大量群居的蟲。

複眼
昆蟲成蟲和其他動物的主要眼睛，由數百個單元組成，每一個單元都有各自的晶體。

求偶
吸引交配對象時所展現的行為，如展示鮮豔的翅膀。

嗉囊
消化系統的一部分，用來儲存剛嚥下的食物。

休眠
像睡眠一樣不活躍的狀態。許多蟲在發育階段都有休眠狀態，可以節省能量，讓牠能度過極度寒冷或乾燥的天氣。

翅鞘
甲蟲的前翅因應演化所產生的結構，就像一副堅硬的蓋子，可以保護、遮蔽真正用來飛行的纖細後翅。

酵素
一種可以加速化學反應的蛋白質，如蜘蛛注入獵物體內的消化酵素，可以分解獵物的身體組織。

外骨骼
昆蟲等動物體外堅硬的骨骼，又叫做表皮。

毒牙
尖銳、中空的齒狀構造。許多節肢動物，包括蜘蛛在內，都可以透過毒牙注射毒液，造成獵物死亡或癱瘓。

受精
雄性生殖細胞和雌性生殖細胞結合的過程，結合後可發育成種子或卵。許多昆蟲是重要的植物授粉者，負責攜帶雄花的花粉到雌花上。

毒爪
蜈蚣尖銳的爪狀前肢，可以注射毒液到獵物體內，造成獵物死亡。

前翅
昆蟲位於身體前方的一對翅膀。

化石
生物死後轉變成岩石的遺骸並保存下來。

腺體
生物體內一種很小的器官，製造並釋放化學物質，如荷爾蒙、拓液或絲線。

蠐螬
體軟的昆蟲幼蟲。

棲地
野生生物棲息的地方。

平衡棍
所有真正的蠅類都有這種形狀有如鼓棒的微小器官。平衡棍可以跟翅膀一起震動，幫助昆蟲在飛行中保持平衡。

後翅
昆蟲位在身體後方的一對翅膀。

蜜露
有些以含糖樹枝為食的昆蟲會分泌這種味甜的黏性廢棄物。

昆蟲
成熟後有三對足的節肢動物，通常有一對或兩對翅。

無脊椎動物
不具有關節性內骨骼的動物。

虹光
有紋理的表面反射陽光後所產生的光線色彩變化。這種效應可能會出現在蝴蝶翅膀和閃亮的甲蟲身上。

幼蟲
昆蟲的幼齡期，外表和成蟲完全不同。舉例來說，蛾和蝶的幼蟲是毛蟲，蠅類的幼蟲是蛆，甲蟲和胡蜂的幼蟲則是蠐螬。

生命周期
動物從生長發育到成熟、並能夠繁殖所經歷的所有階段。

馬氏管
細小的管子，可以從節肢動物體液中收集化學廢棄物。

大顎
用來咬合和咀嚼的尖銳構造。

膜
薄片狀的物質，如飛行昆蟲的翅膀。

微生物
微小的生物。

遷徙
族群從一個地方移動到另一地方的過程。許多動物為了尋找溫暖的天氣、食物或適當的繁殖條件，一年中會遷徙好幾次。

分子
某種物質以固定原子數形成的細小粒子。

蛻皮
蟲褪去表皮的過程。舊表皮下方的柔軟新表皮擴張並硬化。蛻皮讓蟲的身體能夠生長，因為在堅硬的外殼下蟲體無法生長。蛻皮可能會發生好幾次。

多足類動物
蜈蚣或馬陸等等有九對足以上的動物。

花蜜
花朵為了吸引動物所產生的含糖液體。

夜行性
在夜間活躍的狀態。天黑後才出來活動的蟲包括蛾、螢火蟲、蟑螂、蚊子、蜘蛛等等。

養分
食物中能提供生物能量的物質，幫助生物生長。

若蟲
外型和成蟲非常相像而無翅的昆蟲幼蟲，叫做若蟲。若蟲完全成熟前要經過數次蛻皮。

單眼
用來偵測光線強度，構造簡單的眼睛。

產卵管
管狀或刀片狀的中空構造，用來產卵。

觸鬚
口器附近短肢狀的構造，通常用來抓握食物。

寄生
在另一種生物體內或體表生活和取食的生物，不會導致被寄生的生物死亡。

費洛蒙
同種生物間用來傳遞訊息的特殊氣味分子，用來標記路徑或吸引交配對象。

花粉
花朵產生的小顆粒，內含使雌性細胞受精的雄性細胞，使受精後的合子發育成種子。

授粉
把花粉傳遞到雌花生殖構造的過程。許多昆蟲是植物重要的授粉者。

捕食者
獵捕其他動物作為食物的動物。

獵物
動物捕食的動物對象。

蛋白質
含氮的有機化合物。蛋白質是所有生物不可或缺的物質，用來製造酵素和身體組織。

蛹
部分昆蟲的幼蟲，如毛蟲轉變為成蝶之前要經歷的生命周期階段。

女王
社會性昆蟲族群中負責產卵的雌性，體型較大，壽命也比其他族群成員長，如蜂后或蟻后。

雨林
溫暖地區的森林，年降雨量高。

唾液
唾腺產生的液體，開始進行消化作用。

灌木叢林地
各種不同矮小植物，例如灌木和草，混合生長的地區。

絲
蜘蛛為打造蜘蛛網所產生的物質，強韌而且富有彈性，用來編織蜘蛛網；有些昆蟲也會產生絲線造繭。

種
一種科學上的分類群，把所有外型相似並可以彼此交配產生後代的物種歸類再一起。不同種的動物無法交配、生產後代。

吐絲口 / 紡織突
蟲體上產絲的噴嘴。蜘蛛身上有多個紡織突。

氣孔
蟲體外骨骼上的呼吸孔，讓氧氣進入，二氧化碳排出。

口針
部分昆蟲口器上修長的構造，前端尖銳如刀片，有穿刺的功用。

亞熱帶
氣候不如熱帶炎熱潮溼，但又比溫帶溫暖的區域。

胸部
昆蟲身體的中段，是翅膀和足著生的位置。

組織
動物或植物活體內由一群細胞聚結而成的物質，如肌肉和皮膚。

毒素
有毒的物質。

氣管
管狀構造組成的網絡，把空氣輸送給體內的肌肉和器官。

熱帶
接近赤道的地區。溼熱是熱帶氣候的典型特徵。

真蟲
一群有特定特徵的昆蟲科學名稱，有刺吸式的口器，如水黽、蟬和沫蟬都屬於真蟲。

毒液
用叮咬及螫刺進行攻擊和防禦的昆蟲所釋出的有毒液體。

工蜂 / 工蟻
昆蟲族群中的非繁殖成員，通常是雌性，負責特定的任務，如覓食和築巢。

索引

圖片出處

Dorling Kindersley感謝協助設計的Anjana Nair，Amit Varma和Charvi Arora；感謝Surya Sarangi協助搜尋額外圖片；Steve Crozier負責修圖；Bharti Bedi協助編輯；Jane Evans負責校稿，以及Carron Brown製作索引。

感謝以下單位授權出版者於本書中使用他們的照片：

(Key: a-above; b-below/bottom; c-centre; f-far; l-left; r-right; t-top)